温州大学数理学院专业高质量发展建设经费和教学维持费资助
国家本科一流专业"温州大学数学与应用数学（师范）专业"建设成果

U0221575

数学教育
实践教程

黄忠裕◎编著

MATHEMATICS
EDUCATION PRACTICE COURSE

ZHEJIANG UNIVERSITY PRESS
浙江大学出版社

·杭州·

图书在版编目（CIP）数据

数学教育实践教程 / 黄忠裕编著. -- 杭州：浙江
大学出版社，2024. 5. -- ISBN 978-7-308-25085-6

Ⅰ. O1

中国国家版本馆 CIP 数据核字第 2024N0X083 号

数学教育实践教程

黄忠裕　编著

责任编辑	王　波
责任校对	吴昌雷
封面设计	雷建军
出版发行	浙江大学出版社
	（杭州市天目山路 148 号　邮政编码 310007）
	（网址：http://www.zjupress.com）
排　　版	杭州晨特广告有限公司
印　　刷	杭州捷派印务有限公司
开　　本	787mm×1092mm　1/16
印　　张	12
字　　数	277 千
版 印 次	2024 年 5 月第 1 版　2024 年 5 月第 1 次印刷
书　　号	ISBN 978-7-308-25085-6
定　　价	39.00 元

前　言

　　实践教学是教师教育的重要课程,实践能力是师范生的"核心素养"之一。根据《教师教育课程标准(试行)》和《浙江省高校师范生教育实践规程(试行)》(浙教办师〔2018〕36号)文件有关实践课程设置的要求,以及教育部颁布的《普通高中数学课程标准(2017年版2020年修订)》和《义务教育数学课程标准(2022年版)》的中学数学教育课改精神,我们编写了这本《数学教育实践教程》,着重反映近十年来师范教育和基础教育深化改革的中国特色社会主义理论与实践新发展,为数学与应用数学(师范)国家一流本科专业的实践教学提供教材。

　　本教材依据"教育见习、教育实习和教育研习一体化"的实践教学顺序展开阐述,共分五章。

　　第一章"数学教育实践教学概述",以当前基础教育数学课程改革和教师教育课程标准的精神为依据,分别概述基础教育课程改革以及国家教师标准与师范实践教学环节的关系,简要介绍数学教育实践课程的设置及学习要求。

　　第二章"数学教育见习",这是教育实践的初始环节。本章论述教育见习的目标与任务、教育见习中的听课、班主任见习以及教育见习的总结与评价。

　　第三章"数学教育实习准备",是指在进入实习学校之前为教育实习的正式开展提供的实践系列准备。本章着重阐述数学教学技能过关考核中的数学教学设计及模拟上课、中学数学解题、数学说题、解题教学等技能训练,以及教育实习的各项准备。

　　第四章"数学教育实习",这是数学教育实践教学的重点。本章全面阐述教育实习中的师德体验、教学实习、教研工作和班主任工作四方面内容,以及教育实习的总结与评定。"师德体验"着重论述师德与教师发展、师德体验的任务与方式、师德体验总结报告的撰写。"教学实习"包括课前备课试讲、课堂教学实施、中学数学课堂教学的基本技巧、课外教学工作和数学成绩考核等中学数学教学的基本环节。"教研工作实习"主要论述课后教学反思、评课、教育调查研究和教研工作报告的撰写。"班主任工作实习"重点论述班级日常管理工作、主题班会课的设计与组织以及学生的个别教育。

　　第五章"数学教育研习",是指师范生教育实习结束返校后开设的系列实践课程。包括数学教育研习的"研"与"习"两个方面,分别介绍中学数学说课,中学数学教师资格证书考试面试技能训练,中学数学教师招聘考试面试技能训练,中学数学类本科毕业论文撰写,以及数学教师专业发展的特征、途径及策略。

　　本教材将数学教育理论与实践相结合,对数学教育实践课程的理论知识进行简明扼要的论述,同时提供大量案例来内化理论学习。这些案例大多是作者亲身指导的师范生身边的案例,对师范生实践课程的学习进行现身说法,切实提高数学师范实践课程的教学实效。除了一些案例在书中正文呈现,大部分案例是以二维码的方式,在纸质教材内容的相应部分加以链接。用二维码链接的还有教育见习、实习、研习手册及工具表格的电子版,便于学生开展实训。学习者可以用手机"扫一扫"二维码来自主学习,提高了这种新形态教材的学习容量。

本教材是集体智慧的结晶。黄忠裕主持教材的编写工作,设计了全书的编写框架。黄忠裕、方均斌编写第一章和第二章,黄忠裕、陈芝飞编写第三章,黄忠裕、何萍编写第四章和第五章。全书由黄忠裕负责统稿。在书中我们还使用了一些专家、教师和师范生的材料与案例,在这里一并表示感谢!

由于时间、水平所限,教材的疏漏之处在所难免,望各位读者批评指正,不吝赐教!

黄忠裕

2024 年 1 月于浙江温州

Contents 目录

第一章 数学教育实践教学概述

我国的教师教育正处于改革和发展的关键时期。随着基础教育课程改革的实施,教师队伍建设进入了从规模发展转向质量提高的新阶段,各级各类师范院校都在努力培养适应基础教育课程改革和实施素质教育需要的高质量师资。在职前教师教育中,创新培养模式,增强实习实践环节,强化师德修养和教学能力训练,提高教师培养质量,这种"实践取向"的教师教育,为教师培养及教师专业发展做出了清晰的定位。

本章基于广大师范院校对教师教育实践教学环节多年的探索与实践,以当前基础教育课程改革和国家颁布的教师标准的重要精神为依据,分别概述基础教育课程改革以及国家教师标准与师范实践教学环节的关系,简要介绍数学教育实践课程的设置及学习要求。

第一节 课程改革与数学教育实践教学

近年国家先后颁布了《普通高中数学课程标准(2017年版2020年修订)》和《义务教育数学课程标准(2022年版)》,基础教育课程改革给职前教师教育,特别是师范生实践教学带来了新的变化,引发了新课程视野下师范实践教学理念的嬗新。

一、数学课程改革

(一)义务教育数学课程的基本理念

《义务教育数学课程标准(2022年版)》指出,义务教育数学课程以习近平新时代中国特色社会主义思想为指导,落实立德树人根本任务,致力于实现义务教育阶段的培养目标,使人人都能获得良好的数学教育,使不同的人在数学上得到不同的发展,逐步形成适应终身发展需要的核心素养。

1.确立核心素养导向的课程目标

义务教育数学课程应使学生通过数学的学习,形成和发展面向未来社会和个人发展所需要的核心素养。核心素养是在数学学习过程中逐渐形成和发展的,不同学段的学生发展水平不同,这是制定课程目标的基本依据。

课程目标以学生发展为本,以核心素养为导向,进一步强调使学生获得数学基础知识、基本技能、基本思想和基本活动经验(简称"四基"),发展运用数学知识与方法发现问题、提出问题、分析问题和解决问题的能力(简称"四能"),形成正确的情感、态度和价值观。

2.设计体现结构化特征的课程内容

数学课程内容是实现课程目标的重要载体。

课程内容选择:保持相对稳定的学科体系,体现数学学科特征;关注数学学科发展前沿与数学文化,继承和弘扬中华优秀传统文化;与时俱进,反映现代科学技术与社会发展需要;符合学生的认知规律,有助于学生理解、掌握数学的基础知识和基本技能,形成数学基本思想,积累数学基本活动经验,发展核心素养。

课程内容组织:重点是对内容进行结构化整合,探索发展学生核心素养的路径。重视数学结果的形成过程,处理好过程与结果的关系;重视数学内容的直观表述,处理好直观与抽象的关系;重视学生直接经验的形成,处理好直接经验与间接经验的关系。

课程内容呈现:注重数学知识与方法的层次性和多样性,适当考虑跨学科主题学习;根据学生的年龄特征和认知规律,采取螺旋式教学方法,适当体现选择性,逐渐拓展和加深课程内容,适应学生的发展需求。

3.实施促进学生发展的教学活动

有效的教学活动是学生学和教师教的统一。学生是学习的主体;教师是学习的组织者、引导者与合作者。

学生的学习应是一个主动的过程,认真听讲、独立思考、动手实践、自主探索、合作交流等是学习数学的重要方式。教学活动应注重启发式,激发学生的学习兴趣,引发学生积极思考,鼓励学生质疑问难,引导学生在真实情境中发现问题和提出问题,利用观察、猜测、实验、计算、推理、验证、数据分析、直观想象等方法分析问题和解决问题;促进学生理解和掌握数学的基础知识和基本技能,体会和运用数学的思想与方法,获得数学的基本活动经验;培养学生良好的学习习惯,形成积极的情感、态度和价值观,逐步形成核心素养。

4.探索激励学习和改进教学的评价

评价不仅要关注学生的数学学习结果,还要关注学生的数学学习过程,激励学生学习,改进教师教学。通过学业质量标准的构建,融合"四基""四能"和核心素养的主要表现,形成阶段性评价的主要依据。采用多元的评价主体和多样的评价方式,鼓励学生自我监控学习的过程和结果。

5.促进信息技术与数学课程融合

合理利用现代信息技术,提供丰富的学习资源,设计生动的教学活动,促进数学教学方式方法的变革。在实际问题解决中,创设合理的信息化学习环境,提升学生的探究热情,开阔学生的视野,激发学生的想象力,提高学生的信息素养。

(二)高中数学课程的基本理念

《普通高中数学课程标准(2017 年版 2020 年修订)》指出,数学教育承载着落实立德树人根本任务、发展素质教育的功能。数学教育可帮助学生掌握现代生活和进一步学习所必需的数学知识、技能、思想和方法;提升学生的数学素养,引导学生会用数学眼光观察世界,会用数学思维思考世界,会用数学语言表达世界;促进学生思维能力、实践能力和创新意识的发展,探寻事物变化规律,增强社会责任感;在学生形成正确人生观、价值观、世界观等方面发挥独特作用。

高中数学课程是义务教育阶段后普通高级中学的主要课程,具有基础性、选择性和发展性。必修课程面向全体学生,构建共同基础;选择性必修课程、选修课程充分考虑学生的不同成长需求,提供多样的课程供学生自主选择。高中数学课程可为学生的可持续发展和终身学习创造条件。

新课标确立了如下课程基本理念。

1.学生发展为本,立德树人,提升素养

高中数学课程以学生发展为本,落实立德树人根本任务,培育科学精神和创新意识,提升数学学科核心素养。高中数学课程面向全体学生,让人人都能获得良好的数学教育,使不同的人在数学上得到不同的发展。

2.优化课程结构,突出主线,精选内容

高中数学课程体现社会发展的需求、数学学科的特征和学生的认知规律,发展学生的数学学科核心素养。高中数学课程应优化课程结构,为学生发展提供共同基础和多样化选择;突出数学主线,凸显数学的内在逻辑和思想方法;精选课程内容,处理好数学学科核心素养与知识技能之间的关系,强调数学与生活以及其他学科的联系,提升学生应用数学解决实际问题的能力,同时注重数学文化的渗透。

3.把握数学本质,启发思考,改进教学

高中数学教学以发展学生的数学学科核心素养为导向,创设合适的教学情境,启发学生思考,引导学生把握数学内容的本质;提倡独立思考、自主学习、合作交流等多种学习方式,激发学生学习数学的兴趣,养成良好的学习习惯,促进学生实践能力和创新意识的发展;注重信息技术与数学课程的深度融合,提高教学的实效性;不断引导学生感悟数学的科学价值、应用价值、文化价值和审美价值。

4.重视过程评价,聚焦素养,提高质量

高中数学学习评价关注学生对知识技能的掌握,更关注学生数学学科核心素养的形成和发展,制定科学合理的学业质量要求,促进学生在不同学习阶段数学学科核心素养水平的达成。高中数学学习评价既要关注学生学习的结果,更要重视学生学习的过程;应开发合理的评价工具,将知识技能的掌握与数学学科核心素养的达成有机结合,建立目标多元、方式多样、重视过程的评价体系。通过评价,提高学生学习兴趣,帮助学生认识自我,增强自信;帮助教师改进教学,提高教学质量。

二、新课程下的师范实践教学

新课程所倡导的教学理念对师范教育提出了新的要求。《国务院关于基础教育改革与发展的决定》明确要求各师范院校要"制订适应中小学实施素质教育需求的师资培养规格与课程计划,探索新的培养模式,加强教学实践环节,增强师范毕业生的教育教学与终身发展能力"。基础教育课程改革给师范教育带来了崭新的理念。这主要体现在以下几个方面。

(1)"以人为本"的教育价值取向。素质教育的三大要义是:面向全体学生、全面发展和让学生主动发展。以此为导向,新课程积极关注学生的整体发展,强调学生的主动学习与探索,改变过去以知识传授为主的学科本位的教育理念,明确学生在教学活动中的主体地位,发挥学生的主体能动性、积极性和创造性,逐步实现"自主学习"的目标,是一种全面的终身学习与成长的"全人发展观"。

(2)突出实践体验的"探究性"教与学。新课程强调让学生主动在探究过程的情境中体验和感悟,实现知识技能的学习与认知方法的获得、道德情感的养成、正确价值观的形成在主体探究实践中的有机统一。

(3)回归生活的课程结构生态。新课程要求加强课程内容与学生生活以及现代社会和科技发展的联系,关注学生的学习兴趣和经验,精选终身学习必备的基础知识和技能。这就意味着学校课程要突破学科范围的束缚,向自然回归,向生活回归,向社会回归,向人自身回归,实现理性与人性、科学与艺术的完美结合。

(4)关注学生个性成长的多元动态评价观。近现代课程评价取向经过了从目标与结果评价、过程评价到当下主体性多元动态评价的演变过程。主体性多元动态评价就是关注全体学生,以多样化的方式,体现成长过程的动态化,促进学生主体全面发展。

(5)培养学生终身学习与成长的合作生存观。"学会认知、学会做事、学会共同生活、学会生存"是现代人一生发展的四大支柱,这是当下教育理论界的共同认识。新课程正是基于这样的认识,强调学会关心、学会理解的"合作学习",主张在合作学习中克服以自我为中心、自我封闭的倾向,走向协作与和谐,实现个体全面发展与他人和社会的发展同步。

在基础教育新课改视野下,师范实践教学的理念得以嬗新。师范教育的实践教学课程,必须依照新课程的理念与目标,实现自身理念与模式的嬗新,充分发挥实践教学的情境体验与感悟功能,促进师范生创新精神和实践能力的培养。以这样的理念与思路为导向,师范实践教学应着眼于未来教师的整体成长和终身发展,积极发挥师范生主体的主动性、创造性,通过实践课程中全面的教师技能训练和循序渐进的情境体验与反思,感悟教育的魅力与责任,实现阶段感悟与全程体验相结合、教育理论学习与中小学实际相结合、教师职业技能学习与终身学习、学科知识学习与社会生活结合的教育实践理想。

第二节　国家教师标准与数学教育实践教学

为落实国家教育规划纲要,培养造就高素质专业化教师队伍,促进教师专业发展,教育部先后颁发了《中学教师专业标准(试行)》、《中小学和幼儿园教师资格考试大纲(试行)》和《教师教育课程标准(试行)》等文件,对师范实践教学产生了一系列影响。

一、中学教师专业标准与实践教学

《中学教师专业标准(试行)》(以下简称《专业标准》)是国家对合格中学教师的基本专业要求,是中学教师开展教育教学活动的基本规范,是引领中学教师专业发展的基本准则,是中学教师培养、准入、培训、考核等工作的重要依据。

《专业标准》提出了学生为本、师德为先、能力为重、终身学习的基本理念。在"能力为重"这一基本理念中指出,要把学科知识、教育理论与教育实践相结合,突出教书育人实践能力;研究中学生,遵循中学生成长规律,提升教育教学专业化水平;坚持实践、反思、再实践、再反思,不断提高专业能力。同时,《专业标准》对专业能力的内容领域给出了明确的界定,包括教学设计、教学实施、班级管理与教育活动、教育教学评价、沟通与合作、反思与发展能力,并指出"开展中学教师教育的院校要将《专业标准》作为中学教师培养培训的主要依据……重视中学教师职业道德教育,重视社会实践和教育实习"。很明显,《专业标准》充分体现了教师教育的实践取向。

二、中小学教师资格考试与实践教学

2011年,教育部颁发了《中小学和幼儿园教师资格考试大纲(试行)》,这是实施教师培养的重大举措。国家教师资格考试是由教育部建立统一考试标准,各个省级教育行政部门统一组织实施的标准参照性考试,以建立"国标、省考、县聘、校用"的中小学教师职业准入和管理制度。该制度的健全和完善,对于提升我国基础教育阶段教师队伍的整体素质具有重要的理论意义和实践导向。

教师资格考试主要考查教师职业道德、基本素养、教育教学能力和教师专业发展潜质,严把教师入口关,择优选拔乐教、适教人员,使其取得教师资格。教师资格考试分笔试和面试。笔试包括综合素质、教育知识与能力、学科知识与教学能力三门,主要考查申请人从事教师职业应具备的职业道德、心理素养和教育教学能力,运用所学知识分析和解决教育教学实际问题的能力,考试命题突出专业导向、能力导向和实践导向。面试主要考核申请人的职业道德、心理素质、仪表仪态、言语表达、思维品质等教学基本素养和教学设计、教学实施、教学评价等教学基本技能。该考试大纲所规定的内容要求,将引领师范教育培养模式改革,特别是实践教学课程设置的变化。

三、教师教育课程标准与实践教学

为适应社会对高素质师资的需求,2011年,教育部颁布了《教师教育课程标准(试行)》,该标准告别了传统的以学术为核心的教师教育,突出教师教育课程的实践取向,让未来的教师经历和体验教育、研究教育,进而实现自我的发展与超越。该标准体现了国家对教师教育机构设置教师教育课程的基本要求,是制定教师教育课程方案、开发教材与课程资源、开展教学与评价,以及认定教师资格的重要依据。

《教师教育课程标准(试行)》坚持"育人为本"、"实践取向"和"终身学习"的基本理念。"实践取向"的基本理念明确指出:"教师是反思性实践者,在研究自身经验和改进教育教学行为的过程中实现专业发展。教师教育课程应强化实践意识,关注现实问题,体现教育改革与发展对教师的新要求。教师教育课程应引导未来教师参与和研究基础教育改革,主动建构教育知识,发展实践能力;引导未来教师发现和解决实际问题,创新教育教学模式,形成个人的教学风格和实践智慧。"中学职前教师教育课程目标体系包括"教育信念与责任"、"教育知识与能力"和"教育实践与体验"三个目标领域,其中"教育实践与体验"要达到"具有观摩教育实践的经历与体验、具有参与教育实践的经历与体验和具有研究教育实践的经历与体验"三大目标。在教师教育课程方面,该标准设置了"儿童发展与学习、中学教育基础、中学学科教育与活动指导、心理健康与道德教育和职业道德与专业发展"五个学习领域,规定四年制本科教师教育课程最低总学分数(含选修课程)为14学分,教育实践(教育见习、教育实习和教育研习)不低于18周。

《教师教育课程标准(试行)》强调了教育实践的重要性,明确规定了教育实践的内容与要求,是各级师范院校制定本科师范培养方案的依据。特别是"教育实践与体验"目标领域的内容与要求,对师范实践教学课程设置提供了指导性的意见。

第三节　数学教育实践教学课程的设置

一、数学师范生的教学实践能力

教师的教学实践能力,涵盖了与教师教学行为相关的所有能力,是指教师在教学实践活动中基于一定的知识与技能并通过实践锻炼而形成的,以基础能力为基础,以操作能力为手段,以发展创新能力为重点的一种教学能力。它是教师关于教学活动的直觉认识,是其教学行为与当时当地的课堂教学情境相契合的知识和能力、素质和理念的综合体现,更多地表现为教师的一种未加思索的即时性行动品质和瞬时的直觉机智。

根据教师专业发展的"基础—操作—发展"主线,数学教师的教学实践能力包括教学基础能力、教学操作能力和教学发展能力三个部分。

(一)教学基础能力

教学基础能力主要包括教学语言表达能力、板书能力和运用现代教育技术教学的能力。

教学语言是教师借以完成教学任务的主要工具。能运用恰当有效的教学语言是对教师最基本的素质要求。教师语言要求表达准确、有条理、连贯、富有感染力,同时适当借助表情、手势等肢体语言。

好的板书不仅要求字迹工整、清晰,还要能有效地呈现出课堂教学的主要知识结构、教学的重点和难点,体现出教学的意图。练出一手又好又快的板书,对引起学生的注意、增强教学的效果,形成学生对老师的敬仰,有着独特的作用。

现代教育技术为传统的课堂教学增添了活力,数学师范生在选择和运用教学媒体时,不仅要熟悉现代教育技术的运用原理及操作方式,还要充分考虑数学学科的特点、课程内容、学生特点等选择合适的教学技术手段来辅助教学。同时,要特别注意现代教学媒体只是教学辅助手段,传统的黑板、粉笔等教学媒体更要能娴熟运用。

(二)教学操作能力

教学操作能力主要包括教学设计能力、课堂教学能力和课后辅导与教学检查评价能力。

教学设计能力,主要是指教师对数学教学目标、教学任务、学习者特点、教学方法与策略以及教学情境的分析判断能力,主要表现为分析掌握数学课程标准和处理教材能力、了解学生的能力、选择教学方法的能力和编写教案的能力。

课堂教学能力主要包括在课堂上运用各种教学技巧的能力和教学组织能力两部分。运用各种教学技巧的能力要求师范生能灵活地选择并运用导入、强化、提问、沟通、表达、结束等各种技能来进行教学。教学组织能力在一定程度上反映了教师的教学管理能力,是指教师在教学过程中为保持良好的课堂教学秩序、建立和谐的教学环境而应具备的能力。它要求教师首先要平等地对待学生,民主地组织教学,让学生愉悦地学习并参与教学,保证教学活动的有效进行。其次,它要求教师改变传统的以"传授法"为主的课堂教学方式,掌握与学生沟通的技巧,积极引导学生热情参与课堂讨论,从而有效地组织学生进行学习。

课后辅导作为课堂教学的补充环节,要求教师在课后监督学生的学习,辅导学生,解决他们在学习中所遇到的难题。教学检查评价能力要求教师要善于运用各种评价方法来全面评价学生的各方面发展,以此为依据来判定学生是否达到了预定的学习目标、自身是否完成了预定的教学目标,从而根据这些反馈信息来进一步改进教学工作。

(三)教学发展能力

教学发展能力主要由教学创新能力、教学反思能力和教学研究能力组成,是指教学实践能力的可持续性发展。

教学创新能力是指教师在整个教学过程中体现出来的一种应变能力,表现为在教学经验基础上形成的独特的教学机智和教学风格。数学新课程把培养学生的创新精神和实践能力作为课程的终极目标,这就要求未来教师在教学中开拓创新,形成自己独特的教学风格。

教学反思能力要求教师及时反思总结自己的教学成败,养成反思教学的习惯,通过各方面的反馈信息来认识自身的不足和优势,从而扬长避短,使自己的教学实践能力得到更大的提高。例如,师范生在上一节课后可以反思下列问题:这节课是否如我所希望?怎样用教和学的理论来解释我的数学课堂教学?怎样评价学生是否获得了数学知识、形成了数学技能、发展了数学能力?上课时改变了计划中的哪些内容?为什么改变?是否有另外的教学活动或方法会更成功?

教学研究能力是指教师用科学的方法,对教学中出现的各种问题进行分析处理,找出原因所在,从而揭示问题的本质,得出科学结论,发现教学规律的能力。这种能力对教师的成长和发展以及教师专业化的发展至关重要。因此,师范生在学校期间要形成一定的科研意识,掌握一定的科学研究基本方法,并能独立完成一些教育科研项目。

二、数学教育实践教学课程的设置

浙江省在教师教育中,积极倡导"通识教育、专业教育、教师教育"有机结合的师范生课程体系和"见习、实习和研习一体化"的师范生实践教学体系,集中体现了浙江省教师教育改革注重以教师职业能力和教师专业实践能力培养为导向的理念。

经过近几年各高等师范院校师范实践教学的探索,目前"教育见习、实习、研习"三习一体的实践教学体系已初步构建完成。比如,华东师范大学提出了"强化以专题为导向的教育见习工作,实施以实训及项目为导向的教育研习工作,推进以实践为导向的教育实习工作,实施教育实习与基础教育研究项目相结合"的师范生实践教学一体化探索,为师范实践教学提供了借鉴。

根据数学学科、师范专业和师范生教学实践能力等特点,结合国家一流专业要求,数学师范实践教学课程由教育见习、教育实习、教育研习和毕业论文等课程组成。

教育见习是指师范生对中学教育教学实境进行的观摩和体验活动,该系列课程将按照不同年级的特点去中学观摩不同专题的教育实践,感受中学一线的数学教学和班级等教育管理工作。该系列课程一般安排在大二和大三,每次安排两周的教育见习。

教育实习是培养学生成为合格师资的综合性、实践性必修课程,对实现师范生的培养目标尤为重要。教育实习不少于 10 周,一般安排在大三第二学期或大四第一学期,通过教育实习,着重培养师范生的教学操作能力,同时促进其教学发展能力的形成,为师范生可持续发展打下坚实基础。

教育研习系列课程在校内实施,主要包括教育实习后的教学研究与反思,教师资格考试面试训练,以及数学教师应聘技能训练。通过该系列课程,培养师范生教学基础能力和初步的教学研究能力,提升师范生在教师招聘中的竞争力。

毕业论文课程安排在大学最后一学年,历时时间较长、课程学分较多(8 个学分),是一门以培养学生研究能力为目的的实践教学课程。对于师范生来说,毕业论文的撰写将为他们今后从事教学、教育科研打下良好基础,培养其良好的教学研究能力。

三、数学教育实践教学课程的学习

实践教学课程是贯穿于师范教育全过程的系列课程,为此本书除了第一章外,其他章基本按照实践教学系列课程开设的时间顺序来编写,分别是数学教育见习、数学教育实习准备、数学教育实习、数学教育研习(含毕业论文与数学教师就业与专业发展)。每章主要叙述这些实践课程的内容要求,配上相应的案例并进行相应的训练,助力师范生把握课程的内容要求。

师范生未来的职业是教师,在职前教育阶段必须构建起"为教而学"的学习观,即为了未来的教学而学习的学习观。师范教育是一门实践性很强的专业,不仅需要师范生有扎实的专业知识、文化水准,而且要具备传播知识、体现专业水准的实践能力。师范生不仅要掌握丰富的专业知识来解决教什么的问题,更要注重在实践中解决如何教的问题。为此,师范生在实践教学系列课程的学习中,要树立"为教而学"的理念,密切联系中学数学课程,科学全面地开展学习与训练,掌握从教本领,提升从事现代教育的能力,有序、系统地培养教学实践能力。

第二章 数学教育见习

　　教育见习是教育实践的初始环节。它是指师范生进入中学的真实情境,通过观摩、了解、接触、交流等方式,整体了解中学的组织结构与运行机制,具体了解中学教师的职业活动、中学生的学习活动及思想状况,熟悉中学教师岗位情境与职业素养、中学生学情、教育条件与环境、教育活动与课程实施、班级管理、课堂教学、教研活动等方面内容,全面获得对教师专业实践活动的感性认知,为教育实习、师德养成和专业发展奠定初步的基础。本章论述教育见习的目标与任务、教育见习中的听课、班主任见习以及教育见习的总结与评价。

第一节 教育见习目标与任务

一、教育见习的基本目标

　　只有感受教师职业才能学做教师,只有了解教师职业才能做好教师。教育见习的基本目标在于为师范生提供机会,使其尽早感受教师职业生活,增强职业意识;使师范生接触中学教育教学的常规工作,了解中学课程设置、教学内容、教学方法和班级管理等内容。同时,通过教育见习中的听课和评课,培养师范生的交流和反思能力,在知识和能力等方面为师范生之后的教育实习、研习和未来教师工作的顺利进行奠定基础。

　　国内外许多研究和实践表明,师范院校中的学科知识和教学技能、方法对于未来教师的影响非常有限。如美国学者罗森伯格和哈默为了验证教育见习经验对教师成长和教学效果的作用,对两组实习教师在实习前后进行了两次问卷调查,并对调查结果进行了对比和分析,发现实习后实验组(本科生组,在教育实习之前给予相应的非正式实习或见习)对于教学的想法更为丰富,更能把自己的教学与学生的学习联系起来;而控制组(研究生组,未有见习经验)即使在教育实习之后,仍然主要关注自己的课时计划、班级管理等教学技能。这表明教育见习经验对教师成长、教育教学的影响是显著的。

(一)感受教师职业生活

　　培养师范生的从教信念,是教师职前培养中的重要任务。教师职业专业化已成为当前各国教育界的共识。作为专业化的教师职业,必须具有综合的职业品质。这种职业品质包括关注教育现象的职业敏感,与学生及其家长的交往沟通能力,组织与传导能力,反思的能力,对所从事职业的责任心及自信心,民主精神及其合作观等。但要培养师范生良好的职业信念并非一蹴而就,而是要靠长期日积月累来完成的。由于教师的基本职业品质往往是在实践中反映出来的,因此,经常化、制度化和规范化的教育见习有助于增强师范生的职业意识和从教信念,强化师范生的敬业精神。

在教育见习中,师范生通过听取见习学校的领导报告,听取优秀教师介绍先进教学经验以及教书育人、为人师表的心得体会,听取优秀班主任介绍班主任工作方法和经验等方式,了解教师职业,并开始熟悉教师职业。同时,师范生通过到教育现场观察教师的日常教学工作(教学设计、课堂教学、批改作业、课外辅导、成绩考核和评价等)以及班级管理工作,设身处地地感受教师的职业生活及其表现出的职业态度和职业品质,对教师的职业品质和教师生活会有更深的体会。

(二)了解中学和中学教育

不少师范生对于教育理论知识大致有两种认识:一是认为教育学知识没什么用,仅是应付考试而已;二是认为只要掌握了基本知识和技能,就能够应付未来的中学教育教学实践。这两种认识带来的直接后果是:师范生对教育理论知识课程的学习兴趣不高,专业知识和技能不强;在运用这些理论知识时产生困惑,甚至还可能产生与中学教育实际情况相矛盾的问题。一个很重要的原因就在于对中学教育实际情况不了解。只有了解中学教育教学实际,才能更好地进行教育教学实践。

通过教育见习,首先,师范生可以了解见习学校的发展历程、教学设施、师资队伍、办学特色等基本情况,以及中学在长期的发展中所形成的教育教学方式、方法,由此消除对中学以及中学教育的陌生感,从而为教育实习的顺利进行做准备。其次,师范生可以了解中学生的年龄特征和认知发展特点以及数学学科学习的状况,从而熟悉中学教育的一般规律,提高与学生的沟通、交往能力。在这一过程中,一方面,师范生可以重新认识教育理论知识的价值,结合中学教学实际情况,增强学习教育理论知识的自觉性和积极性;另一方面,师范生能够从理想化的境界走向现实,冷静、客观地认识自己与中学教师的实际要求和标准的差距,从而避免或减少在中学教育教学过程中可能遇到的困难与矛盾。

总之,在教育见习中,师范生能够形成对教育活动和教育教学现象的感性认识,初步体验教育教学规律的运用,积累教育教学实践经验,提高教育教学理论与实践相结合的意识。这种在认识上经历从理论到实践,再从实践到理论的过程,有助于缩短师范生从学生到教师的适应期,使其较快地进入教师角色。

(三)观察和评议课堂教学

将师范生置身于中学的实际教学情境中,意在刺激师范生的感知觉器官,以帮助其获得和掌握有关中学教学的基本信息。它不仅要求师范生"听"教师的授课,还要"看"课堂的具体表现,更要"思"课堂展示出来的效果和价值。在这一过程中,师范生不是对课程教学做鉴定,也不是千方百计地评判别人教学的优点和缺点,而是围绕课堂上的事实和现象,发现教学中的困惑和问题,并通过与指导教师及同伴的交流互动与反思,寻找对自己有价值、有帮助的思路和做法,培养师范生的反思能力,从而帮助师范生内化并习得实践性知识。

二、教育见习的任务

教育见习重在了解。通过有计划地组织师范生到中学课堂内外参观、听课学习,了解中学教师的职业生活,了解其基本职业品质,了解中学教育实际,并在了解的基础上反思和交流,为教育实习乃至未来从事教师工作做准备。在教育见习中,师范生要完成学校见习、教学见习、班主任见习和教研见习四方面的任务。

教育见习的任务与成果具体见表2-1-1。

表 2-1-1 教育见习的任务与成果

任务	主要内容	组织方式	时间要求	见习成果
中学整体感知	感受教育条件和环境;了解中学组织架构;接触、观察和访谈中学生;体悟教师工作特性	编队见习	不少于4周	观察报告1份
教学工作见习	了解教学组织形式;掌握课堂教学各环节;了解教学内容,参与听课与评课			听课不少于5课时
班级管理工作见习	知晓班级管理内容;了解班集体、群体和个体的心理与思想状况;了解班队活动组织开展情况			班级管理体验性报告1份
教研工作见习	了解教研组织架构;了解教研活动的筹备与开展过程;了解教研活动的要素、内涵、特征;了解校本课程的开发、实施和评价			教研典型案例报告1份

(一)学校见习

中学学校见习有助于师范生了解中学教育教学的基本理念和一般规律,在进行教育教学实践时能够做到心中有数,从而增强对教师角色的适应性。

一般而言,中学学校见习主要包括了解学校的历史沿革、规模、环境、设施及管理等方面的内容,从而了解学校历史、学校组织和管理架构、教育教学特色及其发展等基本情况,接触、观察和访谈中学生,体悟教师工作特性。

【案例 2-1-1】 温州市南浦实验中学基本情况

温州市南浦实验中学创办于1998年,历经温州市实验中学分校、温州市实验中学南浦校区至现在的温州市南浦实验中学。2018年8月,温州市南浦实验中学与温州市十九中学实行集团化办学,与温州市鹿城区仰义中学联盟合作办学,成立了温州市南浦实验中学教育集团,2021年新增锦江校区并顺利办学,并与南浦小学与绣山小学结成初小教育共同体。

学校价值观:教人求真,育人唯善。(以最大责任心办好学校,以最强责任感当好教师,以最佳状态陪伴师生成长。)

办学核心理念:教育,从发现开始。

育人目标：培养精神明亮、社会需要的天下温州人。

校训：勤勉朴实，奋铎济时。

近年来，教育集团成绩斐然，学业质量逐年提升，办学品牌和特色凸显，是老百姓满意度较高的辖区优质学校。如今学校扬帆起航，蓄势待发，致力于办一所学生真喜欢的好学校，争取高位优质发展，办成国内知名的优质品牌集团校。

温州市南浦实验中学是全国第五所、温州第一所以钱学森冠名的中学，学校通过融合优化钱学森学校的办学模式、课程体系，联合在温本科高校，开设院士、博士讲坛，开展科学家进校园活动等，促进学生提升素养。学校制定了"90＋学习"作业新样态，通过"日学习""日作业""周学习"3个层次，让学生在限定的时间内完成作业，使每一次作业完成得有效率。学校全面实施"四化八礼"，培养学生文明礼仪好习惯；关注家校协同，以"3H"家校成长力心理课程赋能亲子沟通。

学校推出"博览善达"素养教育，开设50门拓展性课程。教学楼六楼建有天文展厅，里面有天文仪、地动仪、望远镜等天文仪器设备，展厅不仅有静态理论知识讲解，也有观测星象、天文节等活动课程，通过现场讲解和实地观测，让师生获得了很多天文知识，生动又深刻。学校还有诸多阅读区、表演区、演讲区，让阅读随处发生，尽显书香气息，享受美好的阅读时光。

学校的老师教学严谨，平易近人，师范技能成熟，管理班级很有自己的一套方法。学生们阳光开朗，积极向上，热爱体育锻炼，文明有礼，见到老师会主动问好。在学习上刻苦努力，上课认真听讲，积极回答老师问题，课堂气氛活跃。课后对于自己不懂的问题会主动询问老师，以求解答。作业认真完成，字迹清楚，对于作业中错误的地方认真订正，及时思考回顾。思维活跃，科技创新、STEAM教育相关比赛多次获奖。

对教师和学生的访谈案例

(二)教学见习

教学是学校教育的中心工作，是师范生观察中学教师职业生活和感受教师职业神圣性的重要途径。因此，了解中学教师教学各环节的工作内容成为教育见习的基本任务之一。

教学见习旨在帮助师范生亲身体验真实的中学数学教学和教育工作。其主要任务是：联系大学"数学教学论"、"数学课程标准与教材分析"及"数学教学技能训练"等课程学习的有关内容，了解中学数学教育现状，熟悉中学数学教学工作的各个环节、教学常规、教学改革情况及其对教师素质的要求，学习优秀数学教师的教学经验。其具体包括三个方面：第一，教学准备见习。教学准备包括课前准备和教学设计。课前准备见习要求师范生观察教师如何根据课堂需要选择和准备工具书和教具等材料；教学设计见习主要观察教师如何进行背景分析(教学任务分析和学生情况分析),如何进行教学目标设计、教学方法设计、教学媒体设计,以及教案设计(课题、教学目标、教学重点和难点、课型及教法、教学媒体、教学过程、后记等)。第二,课堂教学见习。课堂教学见习也即听课,不仅要求师范生观察教师如何加工教学材料、展开教学过程,还要求师范生观察教师如何进行学法指导以及学生的表现和反应。第三,课后辅导和反馈见习。课后辅导见习要观察教师如何对学生进行个性化的辅导和答疑,如何组织课外活动,培养学生的兴趣和爱好;课后反馈见习主要是通过参与作业批改了解批改作业的方法,从中进一步理解数学教学。

(三)班主任见习

教师的育人职能,一方面通过教学活动来完成;另一方面则通过班级管理得以实现。因此,师范生进行教育见习时,不仅要了解教学经验,还要了解班主任工作的具体内容,以便全面了解和熟悉中学教育教学工作。

班主任见习大体包括三个方面的内容:第一,班级常规管理见习。班级常规管理又包括学生档案管理、班级规章制度管理以及班委会等内容。师范生应着重观察班主任对每位学生的家庭情况、性格、兴趣、特长以及学习情况等是否有全面的了解,班级是否具备科学合理的班级规章制度,是否建立了和谐向上的班委会,以使班集体有共同的期望和追求,形成良好的班风。第二,班级活动见习。班级活动有助于增强班集体的凝聚力,发挥学生的主体作用。其中,班会是班级的主要活动和班主任工作的重要环节之一。这要求师范生观察班主任是否组织了丰富多彩的班级活动,观察班主任如何组织开班会,如何调动学生的积极性;还要求师范生主动参与班级活动的设计与实施,体验班主任工作。第三,家长工作见习。家庭是学生健康成长的重要场所,联合家庭教育,做好家长工作是班主任的工作之一。这要求师范生观察班主任如何开展家长工作,观察班主任在家长会、家访以及家长委员会中与家长的沟通与交流过程、态度与技巧,观察班主任是否态度诚恳、尊重家长、正确评价学生等。

(四)教研见习

教研见习着重是课后听课感悟,以及了解中学教研活动的要素、内涵、特征,了解校本课程的开发、实施和评价。随着教育改革的深入发展,许多学校成立了教育科学研究室或教育教学研究室,开展教学研究和教学改革实验工作。教育科学研究室或教育教学研究室的主要职责:通过加强教学指导,提升教师的科研层次与水平,促进教师的专业发展;制定学校教学研究的整体发展规划,落实教育科研的课题申报、管理及科研成果的推广;贯彻学校教学工作的规章制度和要求,健全教学质量监测体系,促进学校教育教学质量的提高。在教育见习阶段师范生应积极参加见习中学的教研活动,零距离接触中学教研工作的实施情况,强化对中学教研工作最直观的认识。

【案例 2-1-2】 温州市南浦实验中学的教师发展情况

温州市南浦实验中学锦江校区师资由总校统派,其中班主任至少要具备 5 年教龄。学校通过校本教研、教师共同体、专家引领等方式,实施"启航""远航""领航"三航式未来优师培养工程,以"璞青研修"系列培训、"青蓝"教师结对培带、璞实名师工作室设立等系列分层研训活动等教研方式,实现教师的进阶发展。

教研活动以学科组、年级组为主开展。教研活动的主要内容是深入了解并及时解决教学中的困难和问题,总结、推广教学经验,探索教学规律,不断提高教师的教学专业水平和驾驭教材的能力,推进校本课程的建设步伐。定点、定期安排的教研活动以自我反省、同伴互研、理论指导、听课评课为主要活动形式,以新课程为导向,灵活运用案例分析、问题解决、调查研究、实践探索、区域交流等多种教研活动方式,努力提高教学研究的针对性和实效性。师范生在教研见习阶段通过对中学教研室的活动的观摩和学习,可以了解到基础教育教学研究和教育改革的实际开展情况,为自己以后从事教育研究工作打下基础。

【案例2-1-3】 新课标新教材新课堂初中数学展示研讨培训会

"新课标、新教材、新课堂初中数学展示研讨会"围绕"新课标、新教材、新课堂",将由名师们依据课标,利用教材,立足课堂,展示其先进的教学思想和扎实的教学技能,通过学生主动学习,促进教学研同步发展。热情欢迎各地同行积极参与,共同领略名师们的课堂教学风采,推动初中教育教学改革,引领中国式现代化教育的新潮流。

本次教学展示研讨培训会有以下特点:

依据新课标。从学科立场走向教育立场,突出素养立意、育人导向;上课教师优化课程内容结构;强化学科实践,跨学科主题学习;践行核心素养导向,培养学生发现问题、解决问题的能力,体现正确的学业质量观。

充分利用新教材进行教学。新教材根据新课标编写,系统反映学科内容,是课程标准的具体化,也是师生共同使用的教学必备书和学业质量考评的重要依据。新课标—新教材—新学案—新技术—新课堂—新评价构成了新教学。

立足新课堂。新课堂是现代化的育人环境、现代化的设施、现代化的教师、现代化的学生、现代化的理念、现代化的学习形式之和。新课堂重视师生平等和谐,创设问题情境,激发学生思维,主动探究学习,联系生活实际,鼓励学生利用教育技术与资源,生动活泼发展。

本次"三新"教学展示活动的主力来自合作学校一线骨干教师,是各校从课堂教学竞赛中选拔出来的具有教学风格和特色的优秀教师。通过"教学展示—现场互动—反思说课—专家点评",和与会教师们的"现场观摩—反思梳理—深度对话",两线合璧,深度研讨课堂教学中的诸多热点与难题。整个活动按照教师专业发展规律设计,让教师听有所获、观有所思、议有所得、研有所长!

教研讲座案例:初中数学概念教学的一般规律与发展趋势

第二节　教育见习中的听课

听课也称为课堂教学观摩,它是师范生到教学现场直接学习怎样开展教学的一种主要形式。它不同于通过教师讲授式、研讨式的间接学习方式,主要有以下三个基本特点:一是数学课堂教学是鲜活的,它原汁原味地展现在学生的面前;二是数学教师只是呈现了怎么做,但是为什么这样做是看不见的;三是可以真切地感受学生和教师基于教材展开的互动过程。

一、听课的主要内容

师范生听课不仅要听,而且要看,要仔细捕捉教师或者实习生的语言和表情,记下每个环节和教学方法。既要看教,又要看学,两者兼顾。看教师对教材的钻研,重点的处理,难点的突破,教法的设计,学法的设计,教学基本功的展示;看学生的学,要看学生的课堂表现,看学生参与学习的情绪。具体内容如下。

(1)观察教师对教学目标的处理;

(2)观察教师对教学内容的处理;

(3)观察教师对教学过程的设计;

(4)观察教师对教学重点的处理;

(5)观察教师对教学难点的处理;

(6)观察教师采取的教学方式;

(7)观察教师采取的教学方法;

(8)观察教师教学基本功的展示;

(9)观察中学生的课堂表现;

(10)观察师生的课堂互动。

二、听课的注意事项

为了提高课堂教学观摩效果,要注意以下几个事项。

(1)在课堂教学观摩前,要熟悉有关的教学内容。比如先将相关教材内容通览一遍,如有必要还可以查阅有关的参考资料,以便对教学内容有充分的认识和理解。

(2)提前进入教室,尽可能地坐在教室后排观摩教学,这样既可以全面地观摩所有学生的学习情况,又能减少自己对师生正常教学的影响。听课时不得做与听课无关的事,无特殊原因中途不得随意出入,更不能讲话。听课时发现教者存在的教学问题时,不能评头论足、相互议论,不得当场指出错误。同时,听课时要神情专注、自然,不得表现出厌烦等不良情绪,以免影响教者教学。

（3）观摩对象应尽可能多样化,指导教师的课堂教学应多多观摩。除此以外,经指导教师和其他教师同意之后,还可以观摩其他教师的课堂教学,学习不同教师独特的教学风格。另外,在见习中,有些指导教师会安排师范生上课,观摩其他师范生的课堂教学,既可以寻找其教学的成功做法,供自己学习和借鉴,又可以吸取其中的经验教训,以免自己重蹈覆辙。除此之外,还可以帮助上课的师范生建立教学的自信心,因为师范生初次上课往往都很紧张,看到自己熟悉的同伴坐在后面,会降低其紧张感和焦虑感。同时,还可以记录其一些不合适的做法或存在的问题,下课之后与其进行交流,帮其指出问题,助其不断成长。

（4）课堂教学观摩应努力将听、看、记、思有效地结合在一起。听,主要听教师的讲解与启发学生的提问,听学生的回答。看,主要看教师的教态和板书,看学生的反应和表情,看师生之间、生生之间的互动交流,看学生的听课情绪是否饱满、发言是否主动积极。记,主要记教师教学的流程,记教师教学的亮点,同时也要记下自己不明白、不清楚的地方,下课之后再向上课教师请教。在观摩师范生教学时,也要记下其出现的问题及存在的不足,下课之后帮其改正。思,主要思考教师为何这样处理,这样处理有何好处,如何突出重点、突破难点,如果我也上这节课该如何处理等。

（5）课堂教学观摩结束之后,要与指导教师或者上课师范生就上课的内容进行交流研讨,研讨的形式可灵活多样,研讨的时间也可长可短。通过交流研讨,获取更多的信息,学到更多的知识。

课堂教学观摩结束后,可以填写听课记录（见表 2-2-1）,作为资料留存。

表 2-2-1　听课记录

试教者		班级		科目		时间	
教材章节							
教学目标							
教学摘要							
建议与意见							

听课记录案例

三、听课后的感悟

见习听课主要是学习中学教师的教学经验,听课后的感悟着重于谈体验真实的课堂的感受和听课的收获。见习听课通常有指导教师的随堂课和见习学校组织的公开课。

【案例 2-2-1】　听指导教师上"2.1　事件的可能性"的感悟

"以活动为中心"。本节课以摸球活动贯穿始终,设计了丰富多彩的活动和游戏,激发了学生学习数学的兴趣。学生在猜一猜、玩一玩、说一说等活动形式中自主探索合作交流,不断体验如何判断事件发生的可能性。同时,又让学生将活动中出现的现象及时抽象概括出来上升为数学知识,体现了学生的"再创造",培养了学生的创新意识。在大量观察、猜想、验证与交流的数学活动过程中,经历知识的形成过程,逐步丰富对"可能""一定""不可能"等现象的体验。课堂教学立足学生的主体性发挥,着眼于充分调动学生学习的积极性、主动性,促进每个学生的发展。

【案例 2-2-2】 听指导教师上"排列习题课"的感悟

同样坐在教室里,可如今作为见习者与作为学生的感觉竟是如此不同,有点忐忑,又有点兴奋。课堂的整个氛围还是比较轻松的,学生很活跃,特别是几个男生。第一好感往往是指在见到一个人的前 7 秒内产生的好感,而从见到苏老师的第一眼开始我就觉得她是非常有活力、很青春阳光的一位女老师,总之给人的感觉很舒服。

这是一堂关于排列的习题课,在去听课之前我也查阅了一些关于排列的相关资料。习题课与上新课有明显不同,题目要选择好,题量也要把握准确,题目呈现的顺序(一般是由易而难)也很重要。

整堂课,苏老师总共讲了四个大题目,而且时间把握得很准确。她主要是从无约束条件的排列和有约束条件的排列两类问题入手,让学生了解其中的区别,目的性非常明确。上课时,老师先从简单的例题导入,让学生们回顾上节课所学的排列知识,让学生会判断这些题目是否为排列问题,以及是属于哪种类型的排列问题。

老师重点讲的是后两道例题。

例 3:用 0 到 9 这 10 个数,可以组成多少个没有重复的三位数?此题我们可以从特殊位置、特殊元素等入手。这道题学生共给出 3 种解法,可见在教学过程中我们应该从多方面思考问题。接下来是在例 3 基础上的 2 道变式题。变式题 1:三位偶数有多少个?变式题 2:大于 350 的三位数有多少个?这 2 道变式题在难度上逐步提高,利于提高学生对这块知识的掌握。在教学过程中,恰当合理的变式是课堂上的亮点,这需要教师更多地去琢磨如何变式。

例 4:7 名学生站成一排,(1)甲站在正中间有多少种不同排法?(2)甲乙二人站两端呢?……总共有 6 道小题。题目由易到难排列,课堂上老师与学生进行交流,较好地展现了学生思考问题的不同角度,让学生了解对于不同情境的问题应使用合适的方法。有时候换个角度一切都明朗起来了,生活亦是如此。

听了这节课,收获真的蛮多的。从老师这方面来说,备课一定要充分,注重一题多解。苏老师给我印象最深刻的,除了声音甜美,说话语速缓慢,最重要的是她在课堂上及时进行小结。从学生这方面来说,老师应该与学生多进行沟通,发散学生的思维,走进他们的世界,成为他们的朋友。另外,应该多留一些时间给学生思考问题,让那些数学功底比较薄弱的学生也能很好地参与到课堂中来。

【案例 2-2-3】 见习公开课"有理数单元复习"听评课

1.课的简要过程与听课体会

在七年级上第一章有理数的复习课中,季老师以数轴为线索,将有理数这一章中的知识点串联起来,通过数轴强化学生对数形结合思想的理解。季老师上课幽默风趣,反复强调"数轴是个好东西",符合初一学生的心理特点。而对于复习课上讲与练的关系,季老师以学生练和学生讲为主,以自己讲为辅,充分体现了学生主体,控制了知识讲授的深度及广度。

2. 参与评课

听课后,校方组织评课。由该校一位老师主评,他对该课做了全面的评价。首先他指出,对于复习课,要注意以下三点:一是广度与深度;二是点与线;三是讲与练。广度上要注意不同层次的学生的涉及面得广,老师复习的知识面得广。季老师这节课两方面都做得很好,他在课上涉及的知识层次有浅也有深,而且基本涵盖了整章知识点,体现了广度。点和线是指知识之间的串接和主线。本课以"数轴是个好东西"为主线,将知识点串成了线。乔布斯曾经说过要学会 connecting dots,就是把点连成线。最后是讲与练,讲练时间要控制合理。要斟酌每个题目的作用,题不能太多,注意题目之间的有机配合。季老师这方面做得比较到位。当然,在题量方面,本节课设置得有点偏多,部分基础不好的学生可能跟不上老师的节奏。因此,可将习题进行整合、精简。

【案例 2-2-4】　一次集中见习听课体会

在见习学校听的第一节课真的令我印象十分深刻,让我对以往的数学课堂教学的认识有了很大的改观。我们听课的班级是八年级八班,由孙老师讲课。

首先说说我们的老师。可以看得出孙老师是一位资深的老教师。她对课堂有着很强的掌控力。她一方面引导学生去思考,鼓励学生积极踊跃发言,另一方面在学生积极发言到快要陷入混乱的时候,又可以及时控制,把握住了整个课堂学习的节奏,显得收放自如。她的语言十分风趣幽默,学生常常被逗乐,整个学习氛围非常好。当注意到个别同学一直没有举手发言的时候,孙老师会主动点名让其回答问题。她会对回答正确的同学给予肯定,鼓励其多多发言,对答错的同学则让班级里的其他同学帮助他弄懂知识。我觉得这样的做法非常好,孙老师并没有将自己的焦点聚集在某些学生的身上,而是对全体同学一视同仁,让每一位同学都参与到学习探究中去。

在整个课堂教学过程中,我发现孙老师有着自己独特的教学风格。她很喜欢让学生自己探索、找出规律。比如上课给出一道题,是为了引出她的标准解法。她没有把这个解法直接告诉学生,而是问学生有什么想法。学生积极思考,都得出了他们认为可行的办法。这时候,孙老师便让学生自己上台去讲他的方法,而让其他同学来评判这个方法是否可行。如果有同学觉得自己的方法更好,就再上讲台来讲,以此进行下去,总会得出全班同学公认的好的解法。最后,由老师给出评价或其他更好的方法。虽然这个过程花费的时间会多一些,但我觉得这是非常值得的,因为学生自主思考探索正是数学课堂教学富有生命力的表现。

以前觉得中学数学课堂总给人一种烦闷、枯燥的感觉,好像每一位老师的目的就只有一个,那便是让学生考出高分。似乎他们就是在生产一台台会做题的"机器",而不是培养懂得思考的学生。而这次见习听课,我完全改变了这样的看法,我意识到原来课堂也可以是这个样子。以前总想着在我国出现那种自由开放式的课堂教学是不可能的,而如今我知道这是完全可能的,这应该就是小班化教学的优势。相反,有一些传统的课堂教学,班里总有那么一群同学掌握不好知识而受到老师的冷落,成了他们眼中的"差生"。但到底是学生差还是老师不会教呢? 我相信没有差的学生,只有差的老师。

想起我经过见习学校校门口的时候,学生们喊的那句"老师好!",我总觉得非常幸福。我在想象,当我真的站上讲台,面对那一个个稚嫩的面孔,带给他们知识,带给他们学习数学的乐趣的时候,才对得起他们说的那句"老师好"。教师是一种职业,更是一种责任,那时候的我们已经是背负学生们未来重担的老师。那样的工作虽然可能烦琐,但它是充实、具有挑战性的,我会享受那个过程,我相信!(温州大学 2015 级应数杨××)

评课活动记录案例

第三节　班主任见习

班主任见习,就是在师范生掌握一定的专业知识和教育学、心理学、班级管理等基本理论知识后,有计划、有组织地到中小学参观、考察和现场学习。通过班主任见习,师范生对班级工作的各个环节进行观察了解、调查研究和分析探讨,从而获得关于班级管理的感性认识,初步了解班主任工作的内容、过程、方法和规律,体会班主任工作的意义和作用。

班主任见习具有三个方面的特点:第一,间接性。班主任见习不同于教育实习。实习以亲自操作为主,重视的是实践过程本身,强调的是直接经验的获得与积累;而班主任见习则是以观察班主任的职业行为为主,重视的是对班主任班级管理行为的体验,强调的是班级管理经验的获得与积累。第二,全程性。从师范生进入大学到毕业,见习和实习就贯穿于师范教育的全程。第三,实效性。班主任的见习活动不同于专业课程的课堂理论教学。实践性特征带给师范生完全不同的体验和认知,对于深化师范生对班级管理知识的理解,增进对班级活动的感性认识,灵活运用班级管理的方式、方法,具有较强的实效性。

一、班主任的基本素养

班主任的素养,是指班主任在班级工作中应具备的素质水平。班主任的素质,既包括教师应具备的基本品质,但又有着更广、更高和更深的要求。综合已有的认识,本书从思想素养、道德素养、知识素养、能力素养和心理素养五个方面,对班主任的基本素养进行介绍。

(一)思想素养

班主任作为学生班级的教育者、组织者和管理者,是学校德育工作的骨干力量,担负着把中学生培养成为具有坚定、正确的政治方向和立场的社会主义接班人和建设者的重要使命。班主任要胜任这一任务,就必须具有较高的政治思想素养,成为青年学生政治思想的导师和引路人。

第一,具有正确的政治方向和坚定的社会主义信念。为了把青年学生引上正确的人生之路,班主任要不断坚定自己跟着中国共产党走中国特色社会主义道路的信念。如果班主任自身没有坚定、正确的政治信念,不能以自己的模范行为和正确的思想道德观念来教育、引导学生,就必然会在教育工作中有意无意地对学生的思想产生消极的影响。这是和班主任所承担的崇高社会职责毫不相容的。

第二,具有科学的世界观、人生观和价值观。世界观是人们对客观存在的世界的总的看法和基本观点。班主任在班级管理工作中,要坚持理论联系实际的原则,在分析和解决实际问题的过程中,与实践相结合,与学生的具体情况相结合,帮助学生树立科学的世界观、人生观和价值观。

第三,具有民主的意识和平等的观念。班主任要具备民主意识和平等观念,指的是班主任要真正从思想上确立学生的主体地位,尊重学生,与学生平等相待;任何学生都有参与教育活动的机会,有平等发表自己意见的机会和获得学业成就提高的机会。

(二)道德素养

学生对老师有一种特殊的信任和依赖情感,班主任的道德素养,客观上就是班级群体乃至班级中每一个个体的楷模。因此,班主任在班级工作中要时刻注重身教,为人师表,以良好的形象率先垂范,潜移默化地影响和激励学生,以期达到理想的教育境界。

首先,班主任良好的道德素养表现为为人师表和无私奉献的精神。班主任对学生具有较高的示范性。班主任只有为人正直、作风正派、襟怀坦白、理想远大、情操高尚、处处以身作则,才能培养学生美好的心灵。学生只有看到优秀的品质在班主任身上体现出来,才会信服并模仿,才会激发他们发自内心的对真、善、美的追求。

其次,良好的道德素养表现为班主任对学生的爱。苏霍姆林斯基曾说:"一个好教师意味着什么?首先意味着他热爱孩子,感到跟孩子交往是一种乐趣,相信每个孩子都能成为一个好人,善于跟孩子交朋友,关心孩子的快乐和悲伤,了解孩子的心灵,时刻不忘自己也曾是个孩子。"班主任的工作就是要用"爱心育人"。一个爱的微笑、一句爱的话语,都可能激起学生潜在的能量,可能改变学生的一生。

最后,良好的道德素养还表现为班主任的责任感。班主任只有明确自己身上的社会责任,才能对学生负责,对家长负责,对自己所从事的事业负责,对社会负责。只有这样,才能取得社会、学生和家长的信赖,才有可能把自己的全部心血倾注在对学生的培养上。

(三)知识素养

班主任合理的知识结构和文化素质,是工作职责的要求,对班主任工作的效果也有重要的影响。班主任应具有精深的学科专业知识、扎实的心理学知识、良好的信息素养和宽厚的知识结构,并能随时更新知识,完善知识结构。

第一,精深的学科专业知识。深厚、广博的学识是教师的内在基础,是班主任个人影响力的来源。因此,刻苦钻研业务,努力提高自己的专业知识水平,是做好班主任的重要条件。班主任应对自己所教学科的全部内容有深入、透彻的掌握并达到精细钻研,同时还应掌握本学科的最新发展前沿,不断将其吸收、融合到课堂教学中去,以丰富教学内容,做到教学面向现代化、面向未来。

第二,扎实的心理学知识。班主任工作应根据学生的心理发展需要,正确认识学生的个性和群体的心理活动规律,有效地提高班主任工作水平,使班主任工作更具有科学性、时代性和实践性。而要做好这些工作,班主任必须熟悉心理学特别是发展心理学、学校教育心理学、学校管理心理学等基本理论。对这些知识的掌握,可以使班主任对学生的各种心理现象有总体的把握,为班主任工作提供直接的方法指导。

第三,良好的信息素养。随着信息技术在班级管理中的广泛运用,班主任的信息素养越来越受到重视。信息素养包括:日常获取以及使用信息的能力;感知个人的信息需求、主动寻求信息、学习新的信息技术的能力。班主任应不断提高自己的信息素养,学会把信息技术融合到班级管理中,把信息技术作为获取信息、解决问题的认知工具,从而优化班级管理过程。

班主任还应具备良好的信息道德。信息道德是指在信息的采集、加工、存储、传播和利用等信息活动各个环节中,用来规范其间产生的各种社会关系的道德意识、道德规范和道德行为的总和。在多样化和自主性逐步彰显的社会,个人的信息表达具有更广阔的空间。班主任信息传播的主要对象是成长中的青少年,因此,班主任更应该恪守信息道德,使学生处于良好的信息环境中,从而提高学生的文明意识和道德水平,为促进信息社会的发展而努力。

第四,宽厚的知识结构。在知识剧增的新科技革命时代,大量的新知识、新理论、新观念如潮水般涌来。这需要班主任及时、自觉、自主地顺应时代潮流,增加和更新自己的知识结构。班主任要养成良好的学习习惯,习得学习的方法,使学习成为自己的一种生活方式。

(四)能力素养

能力素养是指人们完成一定的活动的本领。从班主任工作的角度看,班主任具有以下能力,对有效地开展班主任工作具有特别重要的意义。

第一,沟通能力。

首先,班主任要善于和学生沟通。有效的沟通,能够帮助师生双方互相了解与信任,产生感情共鸣,从而更好地解决问题,营造良好的班集体氛围。如果教师先听学生解释,让他谈出内心感受,并与他进行真诚的交流,学生就会对教师敞开心扉。只有这样,教师才能与学生做有效的沟通。

其次,班主任要及时和班级各科任教师做好沟通。班级管理一定要齐抓共管,形成合力,班级才有战斗力。班主任应定期召开班级教师会,及时通过科任教师了解班级学生在各科教学中的表现和其他各种动向,以利于对班级管理做出正确的判断。如果科任教师在教学或课堂管理上需要班主任的协助,班主任一定要协调管理,配合科任教师的工作,形成管理合力。

最后,班主任要和家长做好沟通。班主任可以借助家长会、家访、电话、QQ群、微信等方式和工具,和家长互通有无,了解学生的各种信息,有针对性地采取措施;也可以给家长提供合理的意见,和家长一起探讨,把学校和班级的要求与学生的实际情况结合起来,家校合作,共同促进学生的发展。

第二,组织管理能力。班主任是班级工作的领导者和组织者,班主任必须具备较强的组织能力和科学的管理能力,主要包括计划能力、决策能力、指导能力、实施能力和常规管理能力。

第三,应变能力。应变能力是指班主任善于因势利导,随机应变,处理各种意料之外的问题的能力。班级工作中会遇到许多新情况、新问题,班主任不能仅凭过去的经验办事,而要根据变化了的情况改变教育方法和内容,机智、灵活地处理过去没有遇到过的新问题。这对新时期的班主任来说十分重要。

第四,观察能力。班主任做好工作的前提是了解学生,而了解学生最基本的素质就是观察能力。一个有敏锐观察力的班主任,能从学生的细微表现中捕捉学生思想感情的起伏变化,科学地预测问题的趋势,把问题解决在萌芽状态中。

第五,表达能力。正确的教育思想,要通过准确的语言来表达。要启迪学生的心灵,要陶冶学生的情操,就得犹如琴师操琴一样,运用生动、艺术的语言拨动学生的心弦,引起其强烈的共鸣。班主任的语言表达,除了一般教师所要求的语言准确、明了、简练、通俗、规范、流畅外,还应当具有说服力、感染力,能使学生入耳、入脑,能打动学生的心灵。

(五)心理素养

良好的心理素养有助于班主任更有效地进行人际交往,提高班级管理质量。班主任广泛的活动兴趣、积极向上的情绪、坚强的意志和良好的性格,都将对学生的人格和道德产生积极的心理影响。

第一,坚定的教育理想和信念。

班主任的理想是指教师做好班主任工作所应有的志向和抱负。立志做好班主任工作,为培育人才做出最大贡献,师范生就要刻苦学习,勤奋工作。同时,只有把自己的理想和实际工作紧密结合起来,才能使自己的工作和生活更加充实、丰富和更有意义。

班主任的信念是指教师在教育实践中把对班主任的认识转化为具体行动时所形成的一种内心体验和行为准则,是对班主任的认识、情感和意义的融合,并坚信其正确性的心理品质。它是教育理想得以实现的可靠保证,也是产生教育行为的强大动力。班主任只有树立坚定的教育信念,充满教育的理想和信心,才能在工作中无所畏惧,才能洋溢着激情和动力,从而全身心地投入班主任工作中去。

第二,良好的个性品质。班主任良好的个性品质包含丰富的内容,主要有:优良的意志品质;广泛的兴趣爱好;一定的特长;良好的工作情绪和工作态度;良好的人际关系;良好的社会适应能力;积极进取的精神和创造性素质。班主任在全面提高修养的同时,需要不断优化和完善自身的个性。

第三,坚强的意志品质。班主任要更好地发挥其职能作用,应具有高度的自制力,以及较强的独立性、坚定性和果断性等意志品质。在管理班级时,考虑到学生幼稚和不成熟的一面,班主任需要用极大的自制力克制不理智的言行,坚持做耐心、细致的工作,保持师生关系的和谐、融洽。

二、认识班主任工作

在开展班主任工作之前,我们首先要意识到班主任工作的重要性,并且通过各种途径了解班主任工作,具体要对以下三个方面有深入的认识。

(一)班主任的作用

班级是学生共同生活、学习的场所,为了让学生拥有一个良好的生活环境和学习环境,班主任作为班级的管理者与组织者,必须做好班级的建设与管理工作。除了照顾学生的生活与关心学生的学习之外,为了促进学生全面发展、健康成长,当学生犯了错误或思想上遇到问题时,班主任还要做好学生的教育工作。

在班级管理中,班主任的作用主要体现在以下几个方面:

(1)班级的建设与管理。班主任在接管一个新的班级时,首先应该制定班规,以使得无论是学生做事还是班主任处理事情都能做到"有规可依,有章可循";其次,为了给学生提供良好的学习氛围,班主任要注重班风建设;再次,要想班级实现自主化管理,班主任还要注意班干部的选择和培养。

(2)学生的思想教育。中学生对事情的看法与认识还未定型,世界观、价值观与人生观还未完全形成,并且由于他们的经历有限,在生活中难免会遇到一些让他们感到比较困惑的问题,此时他们的思想和情绪就会有所起伏,班主任应该及时开导他们。

(3)学校各项工作的参与者与协调者。学校的教育、教学以及管理等工作必须通过班主任的执行,才能在班级的全体学生中贯彻实施。为了使得工作顺利进行,班主任在开展工作过程中不仅要组织班级成员或家长积极参与,还要做好班级不同成员或学校与家长等的协调工作。

(二)班主任的角色

班主任作为一名教师,像普通任课教师一样也扮演着学科教学者的角色,除此之外,作为一班之主,在学校领导、各科任课教师、学生与家长面前,班主任还扮演着非常丰富的角色。班主任主要扮演以下角色。

(1)所任学科教学者。在中学里,班主任一般是由班级的一名任课教师担当,所以班主任的首要角色是任课教师,要想当一名优秀的班主任就先要当一名优秀的教师。班主任的课上得好有利于赢得学生的尊敬,有利于班级工作的开展。

（2）国家、学校方针政策的执行者与实施者。国家、学校的各项方针政策要想得到贯彻实施，必须赢得广大班主任的支持，并且通过班主任的具体实施才能得以实现。

（3）学校的教育教学计划与班级各项管理的实施者。学校的教育、教学计划只有通过班主任的合理安排才能得以顺利开展，并且班主任对班级管理的好坏直接影响着整个学校的管理水平的高低。

（4）班级的组织者与指导者。班级作为学生生活、学习的场所，是学校工作的基本单位，班主任作为一班之主，不仅要负责监督学生学习、组织学生活动等，还要对学生的学习进行针对性的指导，使其在班级这个集体中得以充分发展。

（5）不同任课教师之间、师生之间的协调者。作为班主任，要协调各种成员之间的关系，以保证班级工作的顺利开展。一是要协调班级各学科任课教师之间的关系；二是要协调班级学生与各科任课教师之间的关系；三是协调本班级与其他班级的关系；四是协调本班级不同学生成员之间的关系。

（6）学生的人生导师与心理顾问。班主任作为学生做人做事的典范，其一言一行都会给学生带来深刻、持久的影响。所以，要想成为一名优秀的班主任，我们应该时刻注意自己的言行，并且还要注重自身修养的提高；对于学生，班主任应该关心学生，帮助其树立正确的世界观、人生观、价值观，并且当学生遇到心理问题时，班主任要及时给予指导，帮助其心理获得释放与排解。

（7）家庭、社会与学校教育的联系者与协调者。学生的教育是由家庭教育、学校教育与社会教育共同构成的立体化教育，所以不能将学校教育孤立起来。那么，怎样才能将学校教育、家庭教育与社会教育结合起来，发挥它们的整体功能呢？班主任在此起到了联系、协调三者的纽带作用。

（8）教育工作的研究者。班主任作为教育工作者，其工作经验固然重要，但由于其教育的对象是不断变化的，不同时期的不同学生都会有所差异，要想做好这些学生的教育工作，只凭借以往的经验是不够的，班主任需要在掌握了教育科学、管理科学以及了解学生心理特点的基础上去教育学生，并且运用科学的管理理论与现代教育思想创造性地做好班主任工作。

（三）班主任的工作内容

众所周知，班主任工作繁多，涉及班级学生学习、生活的方方面面。其首要任务就是建设一个和谐的、有序的班集体，为此我们需要制定相应的班规，需要选拔、培养班干部成员。除此之外，引导正确的班级舆论与树立良好的班风也是十分必要的和重要的。为了学生身心的健康成长，我们还需要对全班学生或个别学生进行思想教育。在课余时间，我们应积极组织学生参加课外活动、锻炼身体。

具体来说，班主任工作包括以下几个方面：（1）班级的日常管理；（2）班干部的选择与培养；（3）主题班会的召开；（4）学生的个别教育；（5）突发事件的处理；（6）课外活动的组织。

三、班级管理的策略

当前提倡素质教育。在素质教育的培养目标上,不仅强调德、智、体、美、劳五育并举,而且注重中学生品行、知识、能力、习惯、体魄以及各项心理素质的和谐发展;不仅强调各项素质的均衡发展,而且注重个性、特长的培养;在管理着眼点上,不是面向少数学生,而是面向全体学生,注重让每个学生的素质得到合理发展;在管理过程中,不仅强调学生素质形成的外因作用,而且更为注重内因作用。班级管理要体现学生的主体性,它包括个体的自主性、能动性、独立性,这就要求在教育方式上,教育者应精心创造和谐、宽松、民主的教育环境与教育氛围。只有学生主体参与了管理,才能使学生的全面素质得以生动活泼地发展,才能真正体现学生的主体地位,使学生在发展中成为自我。

(一)班级管理的目标

1.和谐的班级心理气氛

和谐的班级心理气氛主要体现在良好的人际环境上。班级的人际环境主要是由班主任、任课老师、学生之间的相互关系构成的。良好的人际环境,不仅可以使人奋发向上,还可以形成良好的集体意识,而它是一种向上的群体规范,是对学生思想品德的一种无形的巨大的约束力量。为此,要注重发展学生的情绪智慧,其主要包括对他人的恰当协调和对自我的管理,换言之,就是要造就和谐的班级精神氛围。

2.高雅的班级文化格调

班级文化是指班级内部形成的独特的价值观、共同思想、作风和行为准则的总和,它是班级的灵魂所在,是班级生存和发展的动力和成功的关键。高雅的班级文化格调应体现在班集体有明确的奋斗目标、良好的行为规范、健康的集体舆论和优美的教室环境。比如,结合学校"创先进班集体,做合格中学生"这一活动,提出班级要"班风端正,学研浓厚,特长突出";对学生个体提出"思想纯正积极,为人诚实友爱,做事踏实负责,学习刻苦勤奋,能力全面发展"这一目标。

3.踏实主动的学习风气

班级工作中培养学生学会学习,主要是培养学生坚韧的学习品质、科学的学习方法、主动的学习态度及良好的学习习惯。为此,可以把提高学生智力参与程度和水平作为学法指导的重点,健全各类学习常规;在教室布置上,努力烘托出一种良好的学习气氛,使教室具备"书房"味。

4.民主平等的管理作风

班级管理能培养学生的组织能力、交际能力,养成良好的工作习惯。为了体现学生的班级主人翁地位,树立"人人为班级,班级为人人"的主体意识,为此提出"民主平等、依法治班""班级事事有人做,班级人人有事做"等口号;同时努力构建班级、家庭、社会三位一体的管理体系,建立健全班级学生档案,设置家校联系卡,并将家庭访问、家长会与家长访校工作制度化,从而使班主任、家长、学生相互增进了解,形成强大的教育合力。

5. 健康的学生个体心理

一个心理健康的中学生,应该具有发育正常的智力、稳定而愉快的情绪、高尚的情感、坚强的意志、良好的性格、和谐的人际关系,并具有充满自信、自觉主动、自尊自强、乐观豁达、自知自制的特点。因此,班主任要经常指导学生学会心理的自我调节和健康保护,不断提高学生的心理健康层次。

6. 良好的自我教育能力

学生的自我教育是学生个体为了形成良好的思想品德,以完善自我为目的而主动向自身提出任务,自觉地进行思想转化和行为控制的活动。苏霍姆林斯基曾对此有过论述,他说"自我教育需要有重要而强有力的促进因素——自尊心、自我尊重感、上进心……自我教育的前提是人对人的信任"。自我教育能力的培养要从爱护学生的自尊心,发扬民主作风,强化学生的自主意识,引导学生在活动和交往中认识自己、教育自己入手,通过教会学生学会自我评价、培养学生自控能力、加强意志锻炼和开展坚持不懈的有益活动等手段来达到变社会指向为自我取向、变教育客体为教育主体、变外灌为内导的良好教育效果。

(二)学生参与班级管理的策略

1. 重主体参与

良好的班集体,要体现学生的主体地位,而这得看学生参与班级管理的程度。如何使学生参与班集体管理呢?(1)参与班级的重大决策。比如,班级的重大决策,要充分听取同学的建议,收集学生中有关班级管理的好点子。(2)参与日常管理。比如,每天设值日班长,按学号轮流,由值日班长全权管理当天的一切事务。(3)组织参与班级各项活动。

2. 重思想交流

教育中最忌的是学生的自我封闭。必须营造一个能充分暴露学生思想的氛围,而这有赖于与学生进行充分的思想交流。那么如何营造思想交流的良好气氛呢?(1)在师生、学生与学生的交往中,提倡民主平等,让学生有暴露、倾吐自己思想的念头。(2)班主任要融入学生之中,通过谈心、个别交流、写周记及学生家长来访、学生来访,增进思想交流。(3)提倡学生间的思想交流。比如班会课中,对学生思想认识模糊的一些问题进行讨论,澄清模糊认识。(4)针对值日班长反映的问题,适时进行评说,及时对学生思想动态给出反馈。

3. 重习惯养成

我国教育家、文学家叶圣陶曾说过:"教育是什么?简单一句话,就是要养成良好的习惯。"英国著名教育家洛克认为:"事实上,一切教育都归结为养成儿童的良好习惯,往往自己的幸福也都归于自己的习惯。"在班级建设中,要重视学生行为习惯及学习习惯的养成。行为习惯包括礼仪、生活等日常行为规范,可通过强化训练、约束、榜样导引、校风班风熏陶等手段来养成;学习习惯的关键在于学生学习要具备刻苦钻研、不怕困难、持之以恒的精神,同时还要养成严肃认真、专心致志的学习态度。

4. 重活动开展

班级活动的开展要紧紧围绕净化思想、陶冶情操、磨炼意志、形成能力这些目标进行。为此,要鼓励班级同学积极参与学校的体育节、读书节、科技节、艺术节等活动。同时,在班级开展一些特色活动,比如写"思想"日记,举行"思想"论坛,用讨论、辩论、朗诵等同学们喜闻乐见的形式,围绕一个话题,展开深入探讨,澄清学生中一些模糊的认识,促使学生形成正确的世界观、人生观。活动开展要顺应时代的脉搏,采用不落俗套的形式,使其始终具有鲜明的时代气息和活力。

5. 重全面评价

在主体参与的班级管理中,只有重视评价反馈,才能使管理形成完整的体系。为此,应形成日常评价、阶段评价和终结评价体系,制定评价细目,使评价有标可循。同时评价之后,及时与有关学生进行交流,体现评价的公开性。当然,评价最终不是为了分出学生等第,而是通过评价,增强学生的自我教育能力,强化互相学习、取长补短的意识,达到"教是为了不教,管是为了不管"的教育目的。

总之,在班级管理中,不但要面向每一个学生,面向学生的每一个方面,而且要依靠学生,促进全体学生的全面发展。

四、班主任见习的实施

师范生班主任见习工作的开展,主要包括:明确见习目标;严格执行见习要求;完成见习任务;做好见习工作的总结与反思;接受见习评价。

在班主任见习过程中,师范生的主要任务是听、看、问、学,是站在学习的角度进行观察、分析和研究。通过班主任见习,师范生要达到以下目标:了解和熟悉中学班级管理各方面的情况,进一步巩固从事师范教育的专业思想;能把书本上学到的有关教育学、心理学理论和班级管理的基本技能应用到教育实践中,以获得有关中学班主任工作的初步认识,了解中学班主任应具备的教师素质;初步了解中学班主任工作的内容、过程等具体情况,了解当前班主任专业化的最新进展;初步了解中学生的心理特征、智能水平,培养对中学生的观察能力和判断能力;根据班主任见习的情况,反思自己在专业知识结构、班级管理等基本知识方面存在的不足,提出整改方案,提高专业质量。

进入见习学校后,师范生在观察、交流的基础上,了解当前中学生的思想状况,学会与中学生进行沟通和交流,了解班主任应具备的能力,初步掌握班主任工作的基本方式、方法。完成以下任务,并做好各种记录:听取班主任介绍班级情况,了解本学期班主任的工作计划以及制订工作计划的方式、方法;了解班主任的日常工作职责、学生管理的基本方法和手段,并结合相关理论进行分析;在班主任的指导下参与部分班级管理工作,正确运用班级管理的相关理论;观察、调查、记录学生的情况,了解中学生学习、生活和思维的特点,并用见习日志的方式做好记录,逐步学会分析中学生行为特点的形成机理;观摩班主任组织的班团活动,了解班团活动的操作程序和实施流程;深入了解若干名学习困难生的情况,制订一对一帮扶计划;访谈一位优秀班主任等。

师范生对班主任见习的反思,应经常思考如下问题:

我在见习过程中看到了什么,学到了什么?

现在的中学生有什么特点? 和我读初(高)中时的状态有什么不同?

这位班主任的工作反映了什么样的教育理念? 体现了哪些教育学和心理学原理?

若是我,碰到了这样的情况,我会怎么做?

优秀班主任是怎么成长起来的?

……

【案例 2-3-1】 "内化于心,外化于行"爱国主义教育主题班会

一、班会课回顾

(一)观看央视街头采访视频(引入)

问题 1:你印象中有关于爱国的哪一首歌、哪一句话、哪一个人、哪一件事?

同学一:周一升国旗时的国歌——"起来,不愿做奴隶的人们……"

同学二:毛泽东主席。

老师分享自己的爱国故事:温州市第二十一中学下午 5 点 20 分降旗仪式。

(二)知爱国易,行爱国难

问题 2:如何践行爱国主义?

用辩论赛的形式讨论。

在钓鱼岛事件引发的游行活动中,青年们的行为是不是爱国行为?

正方:青年们的行为是爱国行为;反方:青年们的行为不是爱国行为。

(三)承担起自己的责任

问题 3:在日常生活中,是否做出过有意或无意的不负责任的行为? 如果是,又该如何改变?

同学一:浪费粮食→少量多次地取用食物。

同学二:做课代表时忘交作业→牢记自己的职责。

(四)班会总结

我们生在红旗下,长在春风里,人民有信仰,国家有力量,目光所至皆为华夏,五星红旗皆为信仰,要记住青春之火就是时代之光,要相信,爱国的力量就是你我的力量。

二、班会课评价

同学们刚刚听了杨老师这堂班会课,杨老师从通俗易懂的身边小事切入,以潜移默化的方式影响学生,使爱国主义扎根于学生们心中。这节班会课形式多样,活动很丰富,学生在课堂上的参与度也非常高,体现了班主任良好的课堂驾驭能力和综合素养。

好的班会课不仅要从学生的角度出发,更要让学生从社会人的角度,体会担当与责任。这堂课虽然只有 40 分钟,但杨老师一定是花费了很多个 40 分钟,通过多种渠道去收集材料,做了大量的设计、模拟训练等准备,最终呈现这样一堂好的班会课。一堂好的班

会课往往会给学生们带来很有意义的收获,让他们无论是在思想境界上还是在一些行为习惯上都会有一个提升,这是作为班主任义不容辞的责任。

班主任见习成果主要反映在班主任工作记录中,记录表见表2-3-1。

表 2-3-1　班主任工作记录(1)

时间		班级		活动主题	
班级活动背景简介:					
班级相关活动记录:					
班级活动后的感悟:					

【案例 2-3-2】　班主任工作记录

师范生毕某在班主任工作见习(2023 年 11 月)中,选择了以下五个活动主题加以记录,值得借鉴。

(1)期中考试分析会。该活动简介:期中考试成绩分析会主要是将成绩分析单发给各位同学,对成绩进行解读,通过对成绩划档,可以定档确定今后的目标。对于成绩不理想的原因进行分析,寻找解决方法。表扬成绩优异的同学,鼓励同学们互相学习。

(2)学习心得分享。该活动简介:活动邀请了此次期中考试的三位优秀之星分享自己的学习方法、学习经验,为同学们树立榜样,起激励作用,在班级内营造良好的学习氛围。

(3)安全教育主题班会活动。该活动简介:以"珍爱生命,安全第一"为主题,增强学生的安全意识,使学生能懂会用一些常见的校内外安全知识,从而预防危险的发生,提高自我保护的本领。同时,让学生了解毒品及其危害,自觉防范,远离毒品,塑造完美人生。通过学生自我参与、自主体验,自我感受,促进学生健康成长。

(4)课后校内托管服务。该活动简介:随着现代家庭中父母工作压力的增加,越来越多的家长没有时间接孩子,需要将孩子在放学后托管在学校内,这就催生了课后校内托管。课后校内托管服务旨在为学生提供安全、有趣和有益的托管环境,帮助他们完成作业、参加课外活动,并提供一系列服务,以满足家长的需求。考虑到每个学生的差异性需求,为学生提供多层次、多种类的服务内容供其选择,实现因材施教。

(5)午自习、早自修管理。

班主任工作记录

第四节　教育见习的总结与评价

全面、有效的见习总结与反思,是见习工作的重要组成部分。它是师范生对见习工作的全过程及其结果进行全面、客观的评价,总结见习中的经验和不足,为下一次见习和实习奠定基础。师范生通过教育见习总结,对见习期间取得的成果进行梳理,撰写见习总结,开展见习交流会。同时,带队老师组织见习考核,对师范生从见习前的准备、见习过程的表现、教育见习手册撰写、教育见习总结等方面进行全面评价。

一、教育见习的总结

教育见习的成果与总结主要体现在见习手册的撰写上。教育见习手册(以温州大学数学系为例)包括教育见习说明、见习学校情况、班主任工作记录、听课记录、评课活动记录、讲座记录、见习活动记录、教育见习总结。

教育见习手册

【案例 2-4-1】　教育见习个人总结

为时一周半的见习很快就结束了,这为我的人生留下了具有纪念意义的一段回忆。见习为之后的实习工作的开展奠定了基础,做好了准备,是一个极好的提升自己专业技能和实践能力的机会,教学就是教与学,二者相互联系并且密不可分。

首先,在见习的过程中我体会到了当教师的辛苦。要讲好任何一堂课,都必须做许多准备工作,必须认真备课。要研究教材,根据教材内容以及学生实际情况采用不同的教学方法,并对教学过程的程序以及时间安排做好详细记录,认真写好教案。每一堂课都要做到"有备而来"。教师只有在课前准备充分,深入了解教学内容,才能在课堂上应变自如,才能将知识更好地传授给学生。同时,讲授新课要注意知识的引入,从学生已有的知识出发,探索新知、引发思考。一节课的时间很宝贵,时间安排要合理,讨论时间要控制得当,导入时间不可过长,将教学时间主要分配在教学重点、难点上,留有总结时间,结尾不可过于仓促。习题课应进行归纳总结,将相同类型的题目放一起讲解。要提炼解题思路与方法,明确习题所考查的知识点,需具备的能力、技巧、思想等,收集学生错误率高的题目并集中进行分析。要提升学生解决问题的能力,就要重视订正。

其次,在听课、评课、讲座中我收获了许多。听课是一种最直接、最具体也是最有效的提高师范技能的方法和手段。在课堂上,不仅要听授课者如何讲,还要观察、捕捉授课者的身体姿态和面部表情。既要看到老师如何教，又要看到学生如何学。在听课后要及时总结与思考，在分析不同教师课堂时要注意比较研究。每个教师在长期的教学活动中都形成了自己独特的教学风格，我们要准确地评价各种教学方法的长处和短处，吸取他人的有益经验，取长补短，再运用到自己身上，选取适合自己的教学方法，逐渐形成自己的教学风格。另外，在班主任工作见习中，我了解并学习了班主任管理班级的方法。作为班主任，一定要了解班上的每一位同学，做到"因材施教"，可以通过批改作业、与学生谈心、家校联系来了解学生的基本情况。考试后要进行成绩分析，指出学生存在的问题，明确学生的努力方向，鼓励后进，表扬先进。开班会课时要传达安全理念，确保学生身心健康，不出现危险。通过早自修、午自修、课后监管，与学生加强接触，掌握学生学习现状，做好班级管理工作。

本次教育见习使我受益匪浅。不仅在专业知识上有较大收获，而且对于课堂教学、班级管理等方面的工作也有很多了解。在见习期间我做到了勤问、勤学、勤思，积极了解学校情况，向指导老师请教教学经验。初中阶段的学生内心单纯，不易控制自己的情绪，我们要积极关心爱护每一个学生，不以成绩论优劣，坚信每个学生都是发展的，是独特的、有独立意义的人，要善于发现每位学生身上的闪光点，鼓励他们展现自己，挑战自己，奋斗拼搏。我们不仅要教人，还要育人。教育工作是一项常做常新、永无止境的工作，今后我将加强专业课程的学习，提高自身的师范技能，加强自身基本功的训练，在教学上下功夫。

在今后的工作中，我将以更大的热情来拥抱教师这个职业。从了解到熟悉再到热爱，燃烧自己，在教师这个行业发光发热。我将努力改正自己的不足，向更高的起点迈进。以教育为重点，坚持终身学习，努力提高自己的专业知识水平和实践能力，适应新时代新的教学方法，热爱教师、热爱自己的学生。这是我对见习期间的经验与教训的总结，也是我为自己见习时光画上的句号。本次见习后，我定当总结、学习老师的教学模式，力争早日形成自己的一套教学风格。希望自己在未来的课堂中，能和大家一起探索数学，一起感受数学的魅力。（温州大学 2022 级应数毕××）

【案例 2-4-2】 教育见习个人总结

短暂的见习时光结束了。在这次见习中我受益匪浅。从教学导入内容选择、教学环节设计到 PPT 制作等，无一不让我感受到教师这一职业的神圣与辛苦。结合自己开的班会课，反思自己的教课方式，我更加意识到自己的不足和需要改进的地方。

教学的改革正在悄然进行，现在的课堂与我们上中学时的课堂有许多不同，不再是教师一味灌输，而是"教师主导，学生主体"的课堂教学模式，教师熟练运用多媒体教学、开展信息化教学是活跃课堂气氛的一项必备技能。在大学期间，我们可以依据教材制作课件进行备课，利用各种网络资源（知网、B 站、一师一优课等）并结合当下实际进行设计，在之后实习的时候，再根据听课记录，对自己的教学设计进行修改、完善。不同的教师在长期的教学活动中都会形成自己独特的教学风格，我们要结合自身情况，不断探索，找到适合自己的教学风格。

现在课程标准和教材早已改版，教师要向学生讲授的内容不再只是课本上的知识，其背后蕴含的思想也要作为一条暗线穿插在每节课中,同时还要引导学生将理论知识与实际生活相联系,这就要求教师要有"一桶水"甚至是"一江水",只有自身掌握了才能更好地去教授学生。同时,要掌握教材的精神实质,结合学生的实际情况落实核心素养的培养。

"雄关漫道真如铁,而今迈步从头越。"社会的不断进步,对教师的要求也越来越高,我们师范生将面临更大的挑战。但更大的挑战也意味着更大的回报。在校期间,我会抓紧时间,不断提升作为一名数学教师需要具备的素养,为今后全身心投入教育事业做好准备。

作为数学老师,我们也常常要当班主任。通过几位班主任老师的分享,我意识到班主任工作并不是一件简单的事。作为班主任,首先要热爱学生。苏霍姆林斯基曾言:"没有爱就没有教育。"作为一名未来的人民教师,我热爱我的本职工作,热爱学习,以教书育人为目标,立志成为学生的良师益友。

班主任是班级工作的组织者、管理者和策划者,对优秀班集体的建立及良好班风的形成起着举足轻重的作用。班主任需要全面了解班级的基本情况,建立一支优秀的班委来协助管理班级各项事务。

"路漫漫其修远兮,吾将上下而求索。"在此次见习中,我也看到了自己的许多不足之处,今后我一定会不断完善自己,提升自我,以热情和自信投身到教育事业中!(温州大学2021级应数王××)

【案例 2-4-3】 见习小组总结

这三周的星期三,我们在温州五十一中学共进行了三天分散的教育见习。

1. 听课的感受

教育见习的主要目的是让学生在指导教师的引导下,观摩教师的上课方法、技巧等。听课是教育见习的主要内容。这几天我们听了好几位老师的课,总的来说每位老师上课都有自己的特点。

我们的指导老师是俞老师,她给我们的总体感觉是很亲切,很有亲和力。在教学方面,俞老师是一位相当成熟、老练的老师,上课中的各种表现都可见她深厚的教学功力和丰富的经验,以及对课堂强大的驾驭能力。俞老师上课时一颦一笑恰到好处,自然洒脱,霸气十足,课堂掌控力强。第一节课俞老师上的是演绎推理。通过教材上的"汉诺塔问题"引入,接着指出解决数学问题有时候需要"退",先从简单的 $n=1,2,3\cdots$ 来考虑问题,然后发现规律。第二次去听的是"复数"这一章的习题课,俞老师主要通过学生在作业中碰到的问题对复数这一章进行复习,重点讲了 i 的 n 次方,并讨论了实系数一元二次方程根的情况。最后通过习题来巩固,使学生对复数知识有更深入的了解。第三节课是计数原理中的排列问题。课上俞老师对不同类型的问题的解法进行了归纳,比如相邻问题用"捆绑法",不相邻问题用"插空法"。每一堂课听下来,都是受益匪浅。

这次见习活动,让我们意识到了自己身上的不足。首先,把自己代入教师的角色后,才发现自己对教材和有些知识点的理解存在一些偏差。这让我们意识到,作为一名教师一定要重视教材,只有对教材有了透彻的理解,才能上好一节课。其次,要掌握一些提高学生学习积极性的方法,使课堂生动有趣。另外,作为一名数学师范生,还有必要加强人文知识的学习,使课堂教学的语言表达生动形象,富于人文气息。

2. 对指导老师的访谈

在见习的空余时间我们对俞老师进行了访谈,俞老师跟我们分享了许多当老师的感受,让我们收获颇多。

在教学上,俞老师指出了以一个背景出发去串题,或者变换题目的背景组成题组这一方法的重要性。在题目的呈现上,俞老师说老师最好不要读,让学生自己去看题、审题,给学生创造安静的环境去思考。等学生充分思考后师生再共同分析解答,这样效果会比较好。在讲解题目时可以适当地采取示错这一方法,故意设计陷阱,让学生犯错,学生可以从中吸取教训,引以为鉴,避免犯同样"可笑"的错误。俞老师还说"数学老师应该向体育老师学习",体育老师上课时让学生跑五圈,不会自己先跑五圈示范给学生看,同样数学课也要以学生为主体,学生学会才是关键,这一点很值得我们思考。

对于今后的实习和工作,俞老师对我们说写教案备课很重要。第一轮的教案一定要写详案,甚至连上课时的衔接语都要写上去,上课时的语言一定要简洁明了。上完课后要写反思,毕竟生成与预设往往是不一样的。实习和刚参加工作时要多听课,只要有机会就去听课,这是新教师成长的一条重要途径。当然作为一名数学老师一定要多解题,做高考题和竞赛题,等等。一些教研活动有机会就要积极参加,在教研活动中你可以学到很多。还有就是要抓住公开课这个机会,多多展现自己。对于新教师来说,前三年是成长的关键期,要好好把握。

在班主任工作方面,俞老师说一定要做到用心、用爱心,同时还要细心。平时要多注意一些细节,多多观察学生动态,有时候适当的惊喜和小礼物会让学生倍感温暖,感觉到老师对他们的关心。当然,作为班主任一定的威严是要的,原则上要有规有矩,不然班级管理就会出问题。师生相处其实最主要的还是要懂得尊重,想要学生尊重你,首先你要先尊重学生。最后,俞老师还指出,有机会一定要当班主任,班主任的那种成就感、满足感和幸福感是当任课老师或者学校的其他领导所体会不到的。当班主任虽然苦,但是苦并幸福着。(温州大学 2009 级应数林××,黄××,王××)

学生教育见习手册

二、教育见习的评价

教育见习评价对教育见习的实施起着重要的导向和质量监控的作用。评价的目标体系和评价的方式方法等各方面直接影响着见习目标的实现。教育见习评价要以促进人的可持续发展为评价的根本目的,把见习前的准备、见习过程的表现、见习作业(主要是见习手册)、见习反思和见习总结都纳入评价的范围。在评价主体上要实施指导教师评价、小组成员互评和见习学生自评相结合的多元主体评价。教育见习的考核以定性评价为主，应强化纪律、态度与实效等的考核。教育见习考核成绩按优秀、良好、中等、及格和不及格的五级制评定。考核成绩不及格者，须安排重新见习，仍不及格者，不能参加教育实习。具体考核标准参考表 2-4-1。

表 2-4-1　教育见习考核表

考核项目	教育见习考核指标	分值	评分
见习态度	充分准备,预先自我设计专题性见习项目		
	出勤情况好,积极参加教育见习活动		
	主动完成教育见习任务		
	及时完成教育见习总结报告		
见习实效	记录教育见习活动内容丰富、过程翔实		
	提炼出的问题具有较强的现实意义		
	围绕问题的思考较为深刻		
	能够理论联系实际,具有一定的观察能力与反思意识		
得分			
等级			

第三章　数学教育实习准备

　　教育实习的准备是指在进入实习学校之前的一系列准备,这一准备阶段的目的是:为教育实习的正式开展提供充分的理论知识、基本教学技能和心理准备。本章将结合数学师范的特点,就数学教学技能过关考核、中学数学解题技能训练、教育实习的各项准备,分别谈谈这一阶段的准备工作。

第一节　数学教学技能过关考核

　　为了提高职前教师职业技能,为教育实习和今后教师工作做好准备,我国高等师范院校逐步实行教师职业技能全员过关考核制度,促进了师范生自主学习以及训练的积极性,有效提升了师范生的教学技能。

　　根据数学学科特点,我们确定了数学与应用数学(师范)专业技能达标考核标准。考核由三个模块组成:中学数学教学设计(30 分)、中学数学教学多媒体课件制作(单项 20 分)、结构化面试(10 分)、模拟上课·板书(单项 40 分)。考核时间为教育实习的前一学期期末,考核合格的师范生才能参加教育实习。

　　本节我们对数学教学设计、模拟上课·板书这两个模块进行论述。

一、数学教学设计

　　数学教学设计是指运用系统方法,将学习理论与数学教学理论的原理转换成对中学数学教学资料和教学活动的具体计划的系统化过程。中学数学教学设计是一个开放动态的过程,是充分体现教师创造性教学的“文本”。随着新一轮课程改革的全面推行,我国基础教育的教育理念、教学要求、课程目标等都发生了深刻的变化,中学数学教学设计必须顺应这些变化,解决教什么、怎样教的问题,使教学效果最优化。教学设计内容:根据指定的中学数学一课时(45 分钟)的教学内容,用 Word 软件设计教案一例,时间不超过 120 分钟。

(一)教学设计的评价

"中学数学教学设计"测试满分30分,测试项目包括教学目标设计(4分),教学内容分析(3分),学情分析(2分),教学方法、教学过程与环节设计(16分),课时分配与课后延伸设计(3分),以及文档规范(2分)。评分的内容与标准见表3-1-1。

表 3-1-1　教学设计评价表

项目	内容	评价标准	等级				得分
			A	B	C	D	
教学目标设计(4分)	目标的表述	教学目标清楚、具体,易于理解,便于实施,行为动词使用正确	2.0	1.5	1.0	0.5	
	目标的要求	符合课程标准要求,符合学科的特点,符合学生的实际状况	1.0	0.8	0.6	0.4	
	目标的宗旨	体现对学生知识、能力、思想与创造思维等方面的发展要求	1.0	0.8	0.6	0.4	
教学内容分析(3分)	教学内容	教学内容前后知识点关系、地位、作用描述准确,重点、难点分析清楚	3.0	2.5	2.0	1.5	
学情分析(2分)	学生情况	学生学习水平表述,学习习惯和能力分析	2.0	1.5	1.0	0.5	
教学方法、教学过程与环节设计(16分)	教学思路	教学主线描述清晰,教学内容符合课程标准要求,具有较强的系统性和逻辑性	2.0	1.5	1.0	0.5	
	教学重点	重点得到突出,点面结合,深浅适度	1.0	0.8	0.6	0.4	
	教学难点	难点描述清楚,把握准确,能够化难为易,以简代繁,处理恰当	1.0	0.8	0.6	0.4	
	教学方法	教学方法描述清晰,选用适当。符合教学对象的要求,有利于教学内容的完成,有利于教学难点的解决,有利于教学重点的突出	2.0	1.5	1.0	0.5	
	教学手段	教学辅助手段准备与使用说明清晰,教具及现代化教学手段运用恰当	2.0	1.5	1.0	0.5	
	教学环节	内容充实精要,适合学生的理解水平;层次与结构合理,过渡自然,步骤清晰,便于操作;能够理论联系实际,注重教学互动,启发学生思考,培养学生分析问题、解决问题的能力	5.0	4.0	3.0	2.0	
	教学评价	注重形成性评价,注重生成性问题的解决和利用	3.0	2.5	2.0	1.5	

续表

项目	内容	评价标准	等级				得分
			A	B	C	D	
课时分配与课后延伸设计(3分)	课时分配	课时分配科学、合理,符合教学目标的要求	0.5	0.4	0.3	0.2	
	章节总结	有完整的章、节课堂教学小结	1.0	0.8	0.6	0.4	
	作业与答疑	辅导与答疑设置合理,符合学生学习状况;练习、作业、讨论安排符合教学目标,能够强化学生反思,提高学生分析问题、解决问题的能力	1.5	1.25	1.0	0.75	
文档规范(2分)	排版	文档结构完整,布局合理,格式美观整齐	1.0	0.8	0.6	0.4	
	内容	文字、符号、单位和公式符合国家标准规范;语言清晰、简洁、明了,字体运用适当,图表运用恰当	1.0	0.8	0.6	0.4	

(二)教学设计的注意点

1. 设计好引入环节

教学过程的设计在整个数学教学设计中无疑是最重要的,而引入环节的设计在教学过程中又有着举足轻重的地位。因此,设计好引入环节也就显得尤为重要。

(1)注重创设真实情境。真实情境创设可从社会生活、科学和学生已有数学经验等方面入手,围绕教学任务,选择贴近学生生活经验、符合学生年龄特点和认知加工特点的素材。注重情境素材的育人功能,如体现中国数学家贡献的素材,帮助学生了解和领悟中华民族独特的数学智慧,增强文化自信和民族自豪感。注重情境的多样化,让学生感受数学在现实世界的广泛应用,体会数学的价值。

【案例 3-1-1】 负数的概念

借助历史资料说明人们最初引入负数的目的,感悟负数的本质特征,了解中华优秀传统文化。负数的概念最早出现在中国古代著名的数学专著《九章算术》中。该书经过历代各家增补修订而得以完整呈现,北宋时期刊刻为教科书,书中还提出了正负数加减运算的法则。《九章算术》中第八章(方程篇)的第八题关于三元一次方程组的建立和求解,述说了这样的问题背景:一个人有一次到家畜市场,卖了马和牛,买了猪,有所盈利,可以列一个三元一次方程,在列方程的过程中,把卖马和牛得到的钱算作正,把买猪付出的钱算作负。负数就是这样出现的。

由此可以看到,负数和正数一样,都是对数量的抽象,负数与对应的正数"数量相等,意义相反",于是人们发明了绝对值表示"相等"的数量。如果收入定义为正,那么支出则为负;如果向东行走定义为正,那么向西行走则为负;如果向上升高定义为正,那么向下降落则为负。虽然意义相反,但数量本身是一样的,可以用绝对值予以表示。

(2)以复习旧知识引入。旧知识复习法引入是以复习与新内容有关的旧知识作引路导入,是一种由已知求未知的引入方法。运用这种方法导入新课,既可以巩固旧知识,又能使学生对新知识的理解由浅到深、由简单到复杂,循序渐进,促进学生对新知识的理解和掌握。例如,学习立体几何中的"二面角"的概念时,可通过平面几何中角的概念的回忆——从一点出发引出的两条射线所组成的图形,然后把平面问题空间化,将"点"改为"直线",将"射线"改为"半平面",这样就自然而然地引出了二面角的概念:从一条直线出发引出的两个半平面所组成的图形。

(3)以探究引入。探究法引入就是教师在讲授新课前,根据青少年的好奇心理,精心设计问题情景,以激发学生探索研究问题来获得答案的强烈愿望。

用探究法引入,我们要注意让学生体验知识的发现过程。整个引入过程应该是师生交往、互动的过程,教师不能"主演",而应"导演",学生不是配合教师上课的配角,而是课堂学习的主体。课堂教学具有较强的现场性,是一个能动的动态过程。探究引入,不仅促进了预设与生成的融合,而且让不同层次的学生都有了收获。

2.处理好重点难点

是否突出重点、突破难点是衡量一个教学设计是否合理、成功的关键,也是教学目标能否达成的重要标志。恰当适时地运用观察、类比和归纳,是突出重点、突破难点的一个有效途径。

【案例 3-1-2】 数列的概念

数列概念这节课,教学重点是数列的概念,难点是如何准确理解数列的概念。在进行教学时,我们可以让学生将数列与集合进行对比,学生可以归纳出"数列是由数构成的,而集合中的元素可以不是数""数列中的数可以重复,而集合中的元素不能重复""数列中的数是有次序的,而集合中的元素没有次序"等等,这样的比较加深了学生对数列概念的理解。不仅如此,还可以将数列与函数进行比较,学生讨论得出"数列的项与序号之间的对应关系是函数关系""函数的定义域可以是一切实数,而数列中的序号只能取正整数"等等。这样,学生对数列概念的理解会更深刻,难点也就突破了,重点也在比较之中突出了。

3.巧设问题

众所周知,在数学教学过程中,问题是非常重要的。有了问题,学生的好奇心才能被激发;有了问题,学生的思维才开始启动;有了问题,学生的探究才真正有效;有了问题,学生的学习动力才能持续。巧妙地设置问题情境以及问题串,能有效突破难点、突出重点。

在教学设计过程中,设计问题时应注重问题的三大特性:

(1)启发性。学生的思维绝不是自然发生的,也不是教师下达思维指令就能发展的。在数学课堂学习中,教师应找到学生的"最近发展区",精心创设问题情景,通过恰当的课堂提问,诱发学生积极思考,用卓有成效的启发引导,促使学生的思维活动持续发展。

(2)可操作性。对于同一个问题,不同的教师的提问方式可能不同,教师可针对学生的不同层次水平、教材内容的不同要求等进行提问。新教师可通过模仿借鉴有经验教师的提问艺术提高自身的提问水平。

（3）层次性。问题之间应具有层次感,由浅入深逐步展开。在进行问题设计时,应充分关注学生的思维活动过程。

【案例 3-1-3】 零点存在定理的探究

问题 1 如果函数 $y=f(x)$ 满足 $f(a)\cdot f(b)<0$,那么函数 $y=f(x)$ 在区间 (a,b) 上是否一定有零点?

设计意图:问题尽量由学生自己提出。一般地,学生对问题的表述可能仅停留在图形或文字语言上,教师有必要引导学生将其抽象成数学符号语言"$f(a)\cdot f(b)<0$"进行表述,这是提高学生数学能力的重要契机。对于提出的问题可组织学生思考讨论,鼓励学生通过画图的方式举出反例。

问题 2 函数 $f(x)$ 在 $[a,b]$ 上的图象是连续不断的一条曲线,且满足 $f(a)\cdot f(b)<0$,函数 $f(x)$ 在 (a,b) 内一定有零点吗?

设计意图:让学生进一步认识判定零点存在的条件和结论,并通过实验和思考,确认其正确性。教师再将其作为一个"定理"就显得较为自然合理。

问题 3 有位同学画了一个图,认为这个"定理"不一定成立,你的看法呢?

设计意图:通过反问的形式,纠正部分同学可能存在的对函数概念的理解偏差而造成的错觉。

问题 4 你能改变定理的条件或结论,得到一些新的命题吗?

变 1"加强结论":若函数 $f(x)$ 在 $[a,b]$ 上的图象是连续不断的一条曲线,满足 $f(a)\cdot f(b)<0$,是否意味着函数 $f(x)$ 在 $[a,b]$ 上恰有一个零点?

变 2"加强条件":若函数 $f(x)$ 在 $[a,b]$ 上的图象是连续不断的一条曲线,满足 $f(a)\cdot f(b)<0$,且函数 $f(x)$ 在 (a,b) 上单调递增（减）,则函数 $f(x)$ 是否在 $[a,b]$ 上恰有一个零点?

变 3"改变条件":若函数 $f(x)$ 在 $[a,b]$ 上的图象是连续不断的一条曲线,且满足 $f(a)\cdot f(b)>0$,则函数 $f(x)$ 在 (a,b) 上有零点吗?

变 4"反过来":若函数 $f(x)$ 在 $[a,b]$ 上的图象是连续不断的一条曲线,在 (a,b) 上恰有一个零点,是否一定有 $f(a)\cdot f(b)<0$?

从上述案例我们看到,教师通过问题串的形式,层层分析,逐步深入,通过问题使学生感知定理,发现定理,完善对定理的认识,从而突破难点、突出重点。

"勾股定理"教学设计

二、模拟上课·板书

近几年来,随着浙江省普通高等学校师范生教学技能竞赛和师范生师范技能过关考核的开展和不断完善,人们把结构化面试(在第五章论述)、模拟上课和板书结合在一起,作为考查师范生教育教学理论素养、教学构想与课堂教学机智等综合技能的一种新的方法。模拟上课·板书是参赛者依据备课内容,自主选择一个"教学片段"或"环节"进行模拟上课。整个过程要突出新课程理念,呈现板书,展示驾驭课堂教学的能力。"模拟上课·板书"这一项技能过关考核要求师范生针对考前给定的一节课,准备 60 分钟,并在 10~15 分钟内完成这项技能测试,本项测试总分 40 分。

(一)关于评价

"模拟上课·板书"测试总分为 40 分,其中模拟上课 30 分,板书 10 分。

1. 模拟上课的评价

模拟上课是整个环节的重心所在。与说课评分一样,听课者往往根据授课者的表现给出整体的评价。模拟上课考查授课者的课堂教学组织、语言表达及师生互动等能力,授课者应在语气语调上、形体表情上都充分区别于说课,应展现给听课者更加自然亲切的一面,真正展现一名教师应有的风采。

第一,模拟上课过程中切忌出现严重的教学口误。在真正的课堂教学上,教师在教授新课时留给学生的第一印象是非常重要的。若发生概念性的错误,将导致今后教学中需要花费很多精力弥补由此造成的严重后果。教师对知识点的熟悉度及语言的表现力是一项最基本的技能。要想在众多优秀的准教师中脱颖而出,首先必须保证不出现基础性的错误,这样才有可能赢得更多的印象分。

第二,模拟上课中应利用好现场的模拟学生。一般情况下,现场会有 3~5 名模拟学生,授课者应尽量与模拟学生进行课堂互动,并充分利用和学生互动环节的缓冲时间梳理教学思路,应对下一环节的教学。当然,在与学生的互动中应表现得非常自然,体现出课堂上教师与学生的平等地位。

第三,模拟上课中应掌握好视觉观察的对象。说课的对象是同行,但模拟上课的对象是学生。授课者在这个时候应把视线从听课老师的身上转移到现场的模拟学生身上。这样课堂的教学才能更加生动形象,才能尽可能还原出真实的课堂教学状态。同时,授课者应尽可能接近学生,与学生进行平等的对话与交流。

第四,模拟上课的教学片段不宜多但应尽可能完整。一般情况下,教学片段会选择本节课的一个概念、一条定理或一个性质来进行教学。所选片段应尽量是本节课的重点或难点,这样才能更全面地体现一名教师的课堂教学能力、对数学问题的理解能力及课堂时间的掌控能力。比如,对于一条定理,应从定理的引出、探究、总结、深化这几个角度来开展教学。

总之,片段模拟上课这种全新的模式正处于探索阶段,师范生只有在平时的训练中多加演练,才能让自己在处理课堂师生互动上显得更加自然老练。模拟上课评价表见表3-1-2。

表 3-1-2 模拟上课评价表

项目	内容	评价标准	等级				得分
			A	B	C	D	
模拟上课（30分）	教学目标	目标设置明确，要求具体，符合大纲要求和学生的实际	5.0	3.0	2.0	1.0	
	教学内容	重点内容讲解明白，教学难点处理恰当，关注学生已有知识和经验，注重学生能力培养，强调讲练结合，知识传授正确	5.0	3.0	2.0	1.0	
	教学方法	按新课程标准的教学理念处理教学内容，处理教与学、知识与能力的关系，较好地落实三维目标；突出自主、探究、合作学习，体现多元化学习方法；实现有效的师生互动	5.0	3.0	2.0	1.0	
	教学过程	教学整体安排合理，教学环节紧凑，层次清晰有序；围绕教学目标进行教学，教学特色突出	10	8.0	6.0	3.0	
	教学素质	教态自然亲切、仪表举止得体，注重目光交流，教学语言规范准确、生动简洁	3.0	2.0	1.5	0.5	
	教学效果	按时完成教学任务，教学目标达成度高	2.0	1.5	1.0	0.5	

3. 板书的评价

板书能使教学内容及重点、难点一目了然，有利于学生深刻理解、掌握所讲授的内容；同时板书也能留住一堂课教学内容的缩影，为课堂复习小结提供依据。在 15 分钟的比赛时间内，一般建议说课时不使用板书，在模拟上课环节进行板书，并且模拟上课结束后对板书进行扼要说明。在一个小时的备课时间内，参赛者必须留出一定的时间进行板书设计，从而再次梳理模拟上课的教学思路。板书过程中，应体现与学生互动的原则，切忌身体背部完全朝向学生、板书过程中出现冷场。师范生应在平时训练中进行充分的板书练习，从整齐到清晰再到美观，逐步提高自己的板书技能。板书设计评价表见表 3-1-3。

表 3-1-3 板书设计评价表

项目	内容	评价标准	等级				得分
			A	B	C	D	
板书设计（10分）	内容匹配	反映教学设计意图，突显重点、难点，能调动学生主动性和积极性	5.0	3.0	2.0	1.0	
	构图	构思巧妙，富有创意，构图自然，形象直观，教学辅助作用显著	3.0	2.0	1.0	0.5	
	书写	书写快速流畅，字形大小适度，清楚整洁，美观大方，不写错别字	2.0	1.5	1.0	0.5	

(二)关于备课

模拟上课·板书的准备时间较短,只有 60 分钟,给师范生提出了很高的要求。在此之前,师范生应对教材有充分的认识,清楚教材编写前后之间的联系,这样才能节省时间,把更多的时间花到模拟上课片段教学的设计上来。

1. 关于"备什么"

由于师范技能测试的特殊性,一个小时的准备很难完全理清自己的教学思路。因此,备课时必须对教材做最简单的处理,把本节课最精彩的部分凸显出来,充分展现教师的课堂表现力。一般来说,一个小时的备课,片段教学过程设计约 45 分钟,最后 15 分钟用来板书设计及教学思路整理。备课应注意以下几点:

(1)对教材做简单处理,化繁为简,从细节上取胜。尽管只能利用教材,但有经验的选手能从教材本身上加以处理,比如,有些情境、例题或练习不能详细说明并加以板书,若能稍作修改,便能节省大量的时间。

(2)备好板书设计,帮助自身理清教学思路。板书设计的好坏在一定程度上体现了教师的课堂教学思路是否清晰。一份好的板书设计不仅可以展现教师的板书技能,也可以让教师在忘记接下来的教学内容时,通过瞟一眼板书设计稿继续下一环节的教学。设计板书要尽量做到简练、有概括性,并且能用序号标明教学的顺序。

(3)备好过渡性语句。师范生的语言表达能力是技能考查的一大重点。出色的过渡语可以使教学的各环节密切相连。

2. 关于"模什么"

(1)选取自己有把握的片段开展教学。要根据自身的情况选择自己把握较大的教学片段,从而确保把自身的最好状态展现在评委面前。同时,考虑选取的内容要体现本节课的教学重点和难点。

(2)充分考虑学生的自主探索过程。有效的数学学习活动不能单纯地依赖模仿和记忆,动手实践、自主探索与合作交流是学生学习数学的重要方式。教学中应尽可能多给学生时间经历观察、实验、猜想、证明、推理、交流等过程。但由于时间的限制,不可能给学生太多时间进行探索,因此在教学中应做到详略得当,有些学习过程如例题板演等环节可以简单带过。

(3)精心组织、巧妙引导。课堂的教学组织能力是考查的一大重点。提问要精心设计,不能随性而发。在引导过程中,不能因为时间的关系就把学生的思路岔开,自行按自己的教学思路推进,也不能在引导过程中过于急躁。总之,模拟上课中要充分尊重学生,利用好教学生成,巧妙引导。

(三)关于上台展示

1. 语言

苏霍姆林斯基说过:"教师的语言修养在极大的程度上决定着学生在课堂中的脑力劳

动的效率。"许多优秀的教师上课,学生听得津津有味,情绪高涨。究其原因,与教师教学语言的艺术性密切相关。

(1)注意数学语言的准确性、严密性和逻辑性。数学是一门严谨的学科,教学时需要教师用精练、准确的数学语言表达知识的内涵,不产生知识的歧义和误解。

(2)注意语言的表现力。充分树立"听众意识"是使数学教学语言具有表演性的前提条件。作为竞赛的语言表达,要突出数学语言的表现力,首先应具备口齿清楚、发音正确、流利顺畅等基本条件,这样才能使听众听得清晰、明白、舒服,同时应保持适当的语速。其次,教师要时刻保持兴奋的状态,但不能"激愤",通过说话声量和声调的变化来表现自身的情绪。课堂教学应充分围绕主题,不能因为课堂气氛活跃而随意发挥,出现较多的脱离课堂内容的话语,同时应尽量避免"啊、嗯、是吧"等口头禅。

(3)注意语言的幽默和趣味性。苏联著名教育家斯维特洛夫说:"教育家最主要的,也是第一位的助手是幽默,幽默给人带来轻松和笑声,幽默是智慧的表现,幽默感是一个民族文化水准的标志。教学语言具有幽默性是一个教师教学艺术成熟的标志。"模拟上课环节中委婉含蓄的幽默语有助于感染听众,但是幽默语的运用不能哗众取宠、低级趣味,而应是一种高雅、健康的艺术,是教师教学艺术的闪光点。

(4)注意语言的礼貌性。在15分钟的展现过程中,参赛者应尽量保持微笑,多使用礼貌用语,在结束展示后应表示感谢,或请在场的老师指导等。

2. 课堂教学组织

组织教学是课堂教学的重要组成部分,它贯穿于一堂课的始终,是课堂教学得以顺利进行的保证。

(1)关于导课。"良好的开始是成功的一半",课堂教学的导入在于集中学生的注意力、明确课堂教学目标及要求等。导课应做到"短、新、平、启、趣、准"这几点。但因备课的局限性,一般的导课都采用教材中所给出的方式,或对该方式稍加修改。

(2)关于调动学生的积极性。例如,在教学"三角形的性质"时,所选取的片段为"三角形的任意两边之和大于第三边,任意两边之差小于第三边",教师可以充分利用直观教具让学生发现规律,利用三张纸条(由于条件限制,可以用三张长短不同的纸条来代替三条直线)演示组成三角形,同时让学生用三张纸条去拼三角形(学生所用的纸条教师可以事先准备),发现有的学生能拼成三角形,有的不能,教师再适当引导,让学生发现规律,从而调动学生学习的积极性,达到良好的教学效果。

(3)关于节奏。一堂成功的数学课犹如一曲美妙动听的音乐,曲调抑扬顿挫,节奏明快和谐,给人以艺术的享受。要做到这一点,课堂上掌握教学的节奏很关键。模拟上课的节奏应根据学生的课堂反应,做到张弛有度、动静相生、详略适当、声神适宜及整体和谐。

(4)关于结尾。模拟上课的结尾,可以对这一片段的教学内容加以归纳总结,也可以设计下一环节学习的过渡语。

3. 课堂仪表仪态

形体艺术并非只是对舞蹈家的要求,教师作为一名"表演者",也应充分展现自己良好的仪表仪态艺术。为此,在说课、模拟上课过程中应注意以下几点:(1)板书时应侧身对着学生,这会让学生感受到教师和学生交流的状态;(2)说课时用适当的手势来配合,体现庄重的一面;(3)应时刻保持微笑,笑容能感染到身边的人,但也不能出现过度出声地笑等情况。

4.板书呈现

教学板书一般表现为板书、板演、板画三种形式:板书是指教师写在黑板上的文字;板演是指教师在黑板上推导公式、演算例题或书写方程式等;板画则是教师在黑板上画的各种图形、符号和表格等。数学课的板书要遵循五条原则:板书的计划性、板书的条理性、板书的纲要性、板书的直观性及板书的艺术性。数学学科的严谨性要求教师在板书过程中要做到尽量严谨,做到论证完整、画图准确,适当时也应使用彩色粉笔来区分重点概念。数学课堂的板书一般采用文字语言、符号语言和图形语言相搭配的方式,或者使用表格加以说明,使板书具有立体感。

5.临场发挥

成功源于平时的积累,但临场发挥的好坏会直接影响最终的成功。第一,信心压倒一切。第二,内容与形式结合。有的内容不能少,比如,说课的一般步骤不能少,同时力求创新,形成自身特色。第三,细节决定成败。细节问题包括了很多方面,有表情、姿态、衣着等。当你走进考场,可以向在座的评委微微一笑并深深鞠躬,在写完名字后,可以象征性地擦一擦黑板,来稍微缓解自己紧张的情绪;给自己准备一句简单的开场白,能给听众们带来新鲜感;为自己准备一套得体的服装,以衬托出自己具备教师的气质;说话时尽量保持微笑,并能时不时给出一两个手势,等等。第四,争取做到脱稿。

【案例 3-1-4】"函数最大(小)值概念"模拟上课

我们来观察函数 $f(x)=x^2$ 的图象。可以发现,函数 $f(x)=x^2$ 的图象上有一个最低点 $(0,0)$。我们就说函数 $f(x)=x^2$ 的最小值为 0。一般地,当一个函数 $f(x)$ 的图象有最低点时,我们就说函数 $f(x)$ 有最小值。

问题1:你能用数量关系来描述函数 $f(x)=x^2$ 的最小值吗?

预设:函数 $f(x)=x^2$ 的最小值为 0,即对于任意 $x\in\mathbf{R}$,都有 $f(x)=x^2\geqslant f(0)=0$。

问题2:你能用数量关系描述函数最小值的概念吗?

一般地,设函数 $y=f(x)$ 的定义域为 I,如果存在实数 M 满足:

(1)对于任意的 $x\in I$,都有 $f(x)\geqslant M$;

(2)存在 $x_0\in I$,使得 $f(x_0)=M$。

那么,我们称 M 是函数 $y=f(x)$ 的最小值。

问题3:定义中的第(2)点能去掉吗?请你举个例子说明。

老师强调定义中的两个要求缺一不可。

问题4:你能以函数 $f(x)=-x^2$ 为例说明函数 $f(x)$ 的最大值的含义吗?

问题5:函数 $f(x)=x$ 有最大(小)值吗?

预设:函数 $f(x)=x$ 的图象没有最低点,也没有最高点,所以函数 $f(x)=x$ 既没有最小值,也没有最大值。

问题6:如何求函数的最大(小)值?

预设:在师生交流中形成求最大值的基本方法——利用函数的单调性。举个简单的例子说明。

模拟上课视频1:函数的图象　　模拟上课视频2:相似三角形的性质　　模拟上课视频3:正数和负数

第二节　中学数学解题技能训练

解题研究是数学研究的重要组成部分。很多数学概念的产生、新学科的建立都与解题有着密切的联系。解题对于数学教学更是举足轻重。它不仅可以帮助学生巩固概念、深化认识、掌握知识和技能,而且还是培养学生思维能力、推行素质教育的重要手段。对于数学教师来说,良好的解题能力是最基本的要求,同时还要学会说题和教解题,这样才能使数学教学更加有效。师范生教育实习前期常常从课堂的习题讲评开始训练。

一、数学解题

解题是数学的一大特点,学习数学主要是学习解题。其他的学科,例如语文,也需要习作,需要命题作文,但其数量与种类均不能与数学的习题相提并论。我国古代数学家杨辉就曾指出:"夫学算者,题从法出,法将题验,凡欲明一法,必设一题。"

学数学如同下棋,必须实践(做习题),必须和较高水平的人切磋(做有一定难度的题),棋力(数学水平)才有长进。此外,还需揣摩成局(学习定理的证明或著名问题的解法),领会其精髓。波利亚有一段名言:"解题是一种实践性的技能,就像游泳、滑雪或弹钢琴一样,只能通过模仿和实践学到它……你想学会游泳,你就必须下水,你想成为解题的高手,你就必须去解题。"华罗庚也说过:学习数学要做到熟练化。熟能生巧,进而出神入化。而要这样,就必须练。学好数学必须多做题,多做高质量的题。以下着重探讨解题的步骤。

(一)"怎样解题"表

文章有不同的写法,不过大多有三个部分:开头、正文、结尾。解题也是如此,可以分为三步,即(1)弄清题意;(2)拟定计划;(3)实施计划。解完以后,还可以进行一些讨论、回顾,也可以称为第四步,即(4)总结。

波利亚的著作《怎样解题》中,列出了"怎样解题"的步骤:

弄清问题

第一,你必须弄清问题。

未知数是什么? 已知数据是什么? 条件是什么? 满足条件是否可能? 确定未知数,条件是否充分? 或者它是否不充分? 或者是多余的? 或者是矛盾的?

画张图,引入适当的符号。

把条件的各个部分分开,能否把它们写下来?

拟定计划

第二,找出已知数与未知数之间的联系。如果找不出直接的联系,你可能不得不考虑辅助问题。你应该最终得出一个求解的计划。

你以前见过它吗? 你是否见过相同的问题而形式稍有不同?

你是否知道与此有关的问题? 你是否知道一个可能用得上的定理?

看着未知数! 试想出一个具有相同未知数或相似未知数的熟悉的问题。

这里有一个与你现在的问题有关,且早已解决的问题。你能不能利用它? 你能利用它的结果吗? 你能利用它的方法吗? 为了能利用它,你是否应该引入某些辅助元素?

你能不能重新叙述这个问题? 你能不能用不同的方法重新叙述它?

回到定义去。

如果你不能解决所提出的问题,可先解决一个与此有关的问题。你能不能想出一个更容易着手的有关问题? 一个更普遍的问题? 一个更特殊的问题? 一个类比的问题? 你能否解决这个问题的一部分? 仅仅保持条件的一部分而舍去其余部分,这样对于未知数能确定到什么程度? 它会怎样变化? 你能不能从已知数据导出某些有用的东西? 你能不能想出适于确定未知数的其他数据? 如果需要的话,你能不能改变未知数或数据,或者两者都改变,以使新未知数和新数据彼此更接近?

你是否利用了所有的已知数据? 你是否利用了整个条件? 你是否考虑了包含在问题中的所有必要的概念?

实现计划

第三,实现你的计划。

实现你的求解计划,检验每一步骤。

你能否清楚地看出这一步骤是正确的? 你能否证明这一步骤是正确的?

回顾

第四,验算所得到的解。

你能否检验这个论证? 你能否用别的方法导出这个结果?

你能不能把这结果或方法用于其他的问题?

这些步骤并没有什么出奇的地方,也不是一把万能的解题钥匙,更不是解题的"纲领"。它只是一串提示,也许会给解题者一点启发。

(二)解题的步骤

1. 弄清问题

解题的第一步当然是弄清问题:已知什么? 需要我们去做什么(达到什么目的)? 为了弄清题意,将题目中的"信息"重新编排,适当整理,用自己的语言重新叙述,都是非常必要的。题应该反复读,真正弄清楚,谋定而后动。正如有句谚语说:智者从终点处开始,愚者在起点处结束。

例如,证明:对任意 $n \geqslant 6$,都存在一个凸六边形,它可以剪成 n 个全等的三角形。本题意思很清楚,但并不容易做。换一个提法:能否用 $n(n \geqslant 6)$ 个全等的三角形(形状可以选择)拼成一个凸六边形?

实际上,改变问题的提法已不仅是弄清题意,可以说是向问题的解决前进了一大步。正如波利亚所主张的"不断地变换你的问题","我们必须一而再地变化它,重新叙述它,变换它,直到最后成功地找到某些有用的东西为止"。

解题犹如侦探破案,要取得破案的线索,必须到现场勘查。如果解题遇到困难,也应该重新审读题目,以冀有新的发现。"现场调查一百次",这是侦探的格言,也是解题时可以借鉴的。

2. 拟订计划

熟悉的问题,有一定套路,不需要太多的思考。稍进一步的问题,需要一点变化,用得上波利亚的解题步骤所说的"你是否见过相同的问题而形式稍有不同?",以唤醒你的记忆。

真正的问题是不能照套的题,需要解题者发挥某种程度的主动性与创造性。这类问题首先需要探索。就像一位棋手思考下一步棋应当如何下,解题者应当考虑可从哪些方面入手,探讨一下可能的途径。途径越多越好,有经验的解题者往往能想出几条路子。如果一点思路也没有,那么就必须继续冥思苦想,直到冒出一个主意。这是解题中最艰苦的阶段。

在有几种途径时,需要从中挑选一种。究竟哪一种途径能达到目标? 走哪一条路更好? 这也需要探索。可以每条路都试一下,但不必每条路都走很远,你的经验、感觉与见识往往会帮助你做出判断。

一道题往往能分成若干步,其中有一步或几步是关键步骤。解题时,应该将关键步骤弄清楚,知道第一步做什么,第二步做什么……这样,解题计划就基本完整了。

所以,解题的步骤包括:(1)探索、思考;(2)产生一个或几个好的想法(good idea);(3)确定一条路线;(4)想清关键步骤(key steps)。

还应指出,很难有十分完整的解题计划。在解题的过程中,可能发现计划的缺陷或错误,需要修正,甚至完全推翻原来的计划。"边解边改"是常有的,计划往往是不完善的。

【案例 3-2-1】 取水问题

如果你只有两个分别为 4 升和 9 升的容器,怎样从一条河中恰好取出 6 升水?

分析1：直接尝试可能会有点盲目，因此逆向思考。假定已取好水。我们设想现在大桶里恰好装有6升水，而小桶是空的。当然，我们可以将大桶装满9升水，为了做到这一点，小桶中必须正好有1升水。将装满水的大桶倒空，并把小桶中的1升水倒入大桶中。那么，如何在大桶中得到1升水呢？只要将大桶装满，然后倒出4升到小桶中，再将小桶中的水倒入河中，这样连续两次，最终在大桶中得到1升水。将上述过程逆过来，就可以找到一种取法。

分析2：方程的方法。不妨规定容器从河中取水为正，把盛满水的容器中的水倒入河中为负。两容器间相互倒来倒去不记次数。设 x、y 分别为9升的容器和4升的容器盛或倒的次数，则 $9x+4y=6$。该方程有一组解是 $x=2$，$y=-3$，这说明了什么呢？它能指导我们达到取6升水的目的吗？请读者试试看。

3. 实现计划

在解题中，这一步是最容易的，如果计划是完善的，实现计划往往是例行公事。但如前所说，计划往往是不完善的，所以又往往需要回到上一步，从而出现一些反复。此外，计算或操作中也许有困难存在，甚至会遇到难以逾越的困难，这时原来计划必须推倒重来。

【案例 3-2-2】 两个平方和式的积

证明：两个形如 a^2+b^2 的式子相乘，积仍然是同样形式的多项式。

我们最容易想到的，可能是用式子"配"的办法。不难由计算立即得出 $(a^2+b^2)(x^2+y^2)=a^2x^2+b^2y^2+a^2y^2+b^2x^2$，这个式子右边减去 $2axby$，再加上 $2aybx$，就有 $(a^2+b^2)(x^2+y^2)=(ax-by)^2+(ay+bx)^2$ 成立。

想想是否有另外的证法。联想到 a^2+b^2 是复数 $z=a+bi$ 模的平方，而复数具有这样的性质：$|z_1 \cdot z_2|=|z_1| \cdot |z_2|$，当然平方后也成立。取 $z_1=a+bi$，$z_2=x+yi$，即可证。

4. 回顾

不论谁，在解题时总免不了会走一些弯路。只有通过总结回顾，才能除去那些不必要的步骤，弄清问题的关键所在，使思路明晰起来；才能抓住问题的本质，给出一个简单、优美的解法。

解题，如同在黑暗中走进一间陌生的房间。总结，则好像打开了电灯，这时一切都清楚了：在以前的探索中，哪几步走错了，哪几步不必要，应当怎样走，等等。朦胧变成了自觉。正如波利亚所说，这是"领会方法的最佳时机"，"当读者完成了任务，而且它的体验在头脑中还是新鲜的时候，去回顾他所做的一切，可能有利于探究他刚才克服困难的实质"。总结，有助于弄清问题实质，是简化解法，是比较评议，也包括进一步的探讨。正如波利亚所说："当你找到第一个蘑菇或作出第一个发现后，再四处看看，它们总是成群生长。"

(三)数学解题的基本思想

从某种意义上讲，在解题中，许多思想方法都可归结为转化的一种或作为实现转化的一种手段。例如，变量替换是一种重要的数学思想方法。欲解关于 x 的双二次方程 $ax^4+bx^2+c=0$，利用变量替换，令 $x^2=y$，则这个双二次方程就转化为一元二次方程 ay^2+

$by+c=0$,从而获解。运用变量替换这一方法,是为了完成从双二次方程到二次方程的转化。在这里转化是最基本的思想,变量替换只是为完成这一转化所用到的方法,它是转化的一种手段。因此,转化是解题中的一种基本思想方法。

但是,转化并不总是永远畅通无阻的。正像走路一样,我们要迈向目的地——结论,从起点——条件出发,不断地从一处转向另一处,逐渐向结论靠拢,但有的地方却无法过去,需要修筑道路,架设桥梁,这就需要构造。

【案例 3-2-3】 组合数学中著名的拉姆赛数问题

平面上有 n 个点,将它们两两之间连一条线,称为完全 n 边形。现在将一个完全 n 边形的所有线都染成黑、白两种颜色,如果能保证不管怎样染色,一定会出现一个完全由黑色线段组成的完全 p 边形,或者出现一个完全由白色线段组成的完全 q 边形。满足这一条件的最小正整数 n 称为拉姆赛数,记作 $R(p,q)=n$。

对于拉姆赛数问题的最简单情形 $R(3,3)$,人们已经知道 $R(3,3)=6$。那么如何证明呢?

证明分两个方面。

一方面,证明在 6 点之间两两连一条黑线或白线,至少会出现一个黑色的三角形或一个白色的三角形。

另一方面,证明在 5 点之间两两连一条黑线或白线,存在既没有白色线段组成的三角形,也没有黑色线段组成的三角形的情形。

证明前者,可以通过考察从某个顶点引出的 5 条线,再利用抽屉原理来证;也可以把问题转化为考察同色三角形的个数,利用同色角(角的两边是同色的)个数的核算来证。

为了证明后者,我们很难把它转化为另一命题,必须构造出这样的一种连线法,使它的确不出现同色三角形。构造如图 3-2-1,就完成了我们的证明。

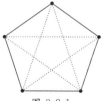

图 3-2-1

上述解题中,含有解题者敏锐的直觉、合理的猜想、正确的求解、恰当的推广等。而解题的本质,主要还是转化和构造。转化是思维的进程,构造是实现的手段。构造与转化往往是互相配合、相互补充的,成为数学解题的主线。

二、数学说题

说题就是把审题、分析、解答和回顾的思维过程按一定规律、一定顺序说出来,要求说题者暴露面对题目的思维过程,即"说数学思维"。从说题的主体看,说题可以分为"教师说题"、"教师和学生互动说题"和"学生说题"。

"教师说题"是近年来一种利用教学语言口述探寻解题的思维过程以及所采用的数学思想方法和解题策略的新型教研活动。概括地说,"说题"是指执教者在精心做题的基础上,阐述对题目解答时所采用的思维方式、解题策略及依据,进而总结出经验性解题规律。说题通过"做题、想题、改题、编题、说题"等一系列活动,将教师的"教"、学生的"学"与研究

"考试命题"三者结合。开展说题活动能促进教师加强对试题的研究,从而把握考题的趋势与方向,用以指导课堂教学,提高课堂教学的针对性和有效性。

教师说题在形式上是通过分析数学题目,说清楚如何解题,但其实质展现的是教师自身的数学教育的理论功底、数学知识的掌握程度、数学方法的理解能力及数学教学的前瞻性理念。师范生说题类似于教师说题,但偏重怎样解题。师范生通过说题,既可以提高解题能力,又可以通过上台"说"锻炼语言表达、板书和教态等教学基本功。教师间的说题活动的开展,有利于提高问题的讲解水平,有利于提高教学质量和培养思维品质,有利于相互学习和借鉴,有利于教师整体素质和教学基本功的提高。

"说题"要注重"题"的选择。美国数学家哈尔斯说:"问题是数学的心脏。"没有好的问题就没有异彩纷呈的数学,没有好的问题去引领学生的学,就没有数学课堂的精彩。教师教得"有效"要通过"好题"的穿针引线,落实到学生学得"有效"。说题的内涵不是"拿嘴拿题来说",而是"用心用题去教"。因此,说题中的"题"更要精选,这个"题"应该是"一只产金蛋的母鸡"。

在教研活动中教师之间的说题,往往容易把"说题"当成"说课",说课说的是:这堂课的环境设置、教学目的、重难点、过程的设置,这样设置的依据、设计哪些例题、为什么选这些例题,等等。而说题应当是针对某一确定的题目,说的是:该题的背景来源、作用(选题的目的)、所用的知识、数学方法和思想、思维的产生过程、可能产生的错误和火花、该题知识的连接点、题目的变式和引申、通过该题培养学生的什么能力,等等。

总之,教师说题不能仅停留在"从解题角度说题"这种浅表的意义上,要从更高的教学观点上来说题,达到说题的目标。一道题的说题目标应当结合本题要学习的数学内容的特殊性,分解课程标准的总目标,使得说题目标恰当、具体。一般来说,说题目标应分为三类:初级目标是教会学生解题的方法,结合本题对学生的知识基础、能力水平作动态的估计,将问题设置在学生思维的最近发展区,让学生经过探索后能够解决问题;中级目标是在解题之后引导学生进行反思、变式及领会解题过程中运用的数学思想方法,为学生提供自主探索、合作交流和实践创新所需的时间和空间,激励学生广开思路,另辟蹊径,去探寻更好的、更一般性的解法;高级目标是根据学生的生活经验和认识水平,搜集加工或自行设计编拟一批开放性问题,进而做些探究性的学习,让学生掌握数学思维的规律、特点和方法,在参与思维中发展能力,在知识、规律的探索和归纳中形成创新意识。

基于说题的上述目标,"说题"一般从五个方面进行,即一说"题目立意",说题目大致意思,说题目所涉及的知识点和考查的学习目标;二说"题目解法",说解题的方法、解题的步骤和答题的格式;三说"数学思想方法";四说"背景来源",说题目的来源、背景和前后知识的联系;五说"拓展引申",说题目的其他解法、解法的优化和结论的推广。

说题还可说说解题后的体会和启发,总结规律、深化思维。不一定每题都面面俱到,可根据具体的题,有所侧重,有重点地说其中的一些环节。

【案例 3-2-4】 系列问题解决与拓展说题一例——抛物线焦点弦

过抛物线 $y^2=2px$ 的焦点 F 任意作一条直线交抛物线于 $A(x_1,y_1)$,$B(x_2,y_2)$ 两点

(线段 AB 称为抛物线焦点弦),试探索下述系列问题:

(1)$y_1 \cdot y_2$ 的值有何特点? $x_1 \cdot x_2$ 的值呢? 它的逆命题正确吗?

(2)求弦 AB 中点的轨迹方程。

(3)延长 AO 交抛物线的准线于点 M,则直线 BM 与 x 轴有何关系? 其逆命题呢?

(4)给出弦长 $|AB|$ 与直线 AB 倾斜角 θ 的关系,并求弦 $|AB|$ 的最小值。

(5)设 $\triangle AOB$ 的面积为 S,$|AB|=l$,①求 S 最大值;②求证 S^2/l 为定值。

说题过程:

(一)说问题(1)的解决与拓展

分析:问题(1)常规解法,将直线 AB 方程设为以下两类:$y=k(x-p/2)$(其中 $k \neq 0$)与 $x=p/2$,代入抛物线的方程 $y^2=2px$,分别予以解决。

进一步思考:由于直线 AB 与 y 轴不垂直,那么能否改设直线 AB 方程的形式,从而避免分类讨论呢? 可设直线 AB 方程为 $x=my+p/2$,代入 $y^2=2px$,得 $y^2-2pmy-p^2=0$,由韦达定理,得 $y_1 \cdot y_2=-p^2$。

又由 $x_1=y_1^2/(2p)$,$x_2=y_2^2/(2p)$,得 $x_1 \cdot x_2=p^2/4$。

注:抛物线焦点弦这个重要性质的得出,既有常规的分类讨论的思想,又有如何避免分类的巧妙设法。

再来看上述结论的逆命题:已知 $A(x_1,y_1)$,$B(x_2,y_2)$ 是抛物线 $y^2=2px$ 上的两点。若 $y_1 \cdot y_2=-p^2$,则直线 AB 经过抛物线的焦点 F。

分析:抛物线 $y^2=2px$ 的焦点是 $F(p/2,0)$,设直线 AB 交 x 轴于点 $M(x_0,0)$,只需证明 $x_0=p/2$。为避免按直线 AB 是否存在斜率分类,在此利用定比分点知识。

略解:设直线 AB 交 x 轴于 $M(x_0,0)$,M 分 $\overrightarrow{AB}$ 所成的比为 λ,则

$$x_0=\frac{x_1+\lambda x_2}{1+\lambda},\ 0=\frac{y_1+\lambda y_2}{1+\lambda},\ \text{故}\ x_0=\frac{x_1 y_2-x_2 y_1}{y_2-y_1}。$$

由 A,B 在抛物线 $y^2=2px$ 上,故 $x_1=y_1^2/(2p)$,$x_2=y_2^2/(2p)$,代入可得 $x_0=p/2$,即直线 AB 经过抛物线的焦点 $F(p/2,0)$。

(二)说问题(2)的解决

先来求弦 AB 中点的轨迹方程。

解法 1:用求中点轨迹的通法,即利用 AB 与 MF 的斜率相等建立等式获解。

解法 2:利用抛物线前述性质和 $y_1^2+y_2^2=(y_1+y_2)^2-2y_1 y_2=2p(x_1+x_2)$,可得 $y^2=px-p^2/2$。即抛物线的焦点弦的中点轨迹仍为抛物线。

(三)说问题(3)的解决与拓展

利用 $y_1 \cdot y_2=-p^2$,以及 A,O,M 三点共线,可得点 M 的纵坐标为 y_2,所以直线 BM 平行于抛物线的对称轴 x 轴。

上述问题的逆命题:过抛物线 $y^2=2px$ 的焦点 F 任意作一条直线交抛物线于 $A(x_1,y_1)$,$B(x_2,y_2)$ 两点,点 M 在这条抛物线的准线上,且 $MB/\!/x$ 轴,那么 M,A,O 三点共线。

证:利用 $y_1 \cdot y_2=-p^2$,即 $y_2=-p^2/y_1$。因为 $MB/\!/x$ 轴,点 M 在这条抛物线的准

线上，故 $M(-p/2,y_1)$，则 $k_{OC}=k_{OA}$，故 M,A,O 三点共线。

说明：上题还有很多证法，但性质 $y_1 \cdot y_2 = -p^2$ 的运用至关重要。

（四）说问题（4）的解决

分析：设 θ 是直线 AB 的倾斜角。分 $\theta=90°$，$\theta\neq90°$ 两种情况分别讨论。当 $\theta\neq90°$ 时，可设直线 AB 的方程 $y=k(x-p/2)$（其中 $k\neq0$），将 $|AB|$ 长用有关 k 的式子表达出来，再利用 $k=\tan\theta$，可得 $|AB|=2p/\sin^2\theta$。所以，当 $\theta=90°$ 时，$|AB|$ 取得最小值，即抛物线焦点弦以其通径为最短。

（五）说问题（5）的解决

该小题有五条途径：

（i）通过弦长公式求解；

（ii）利用焦半径公式求解；

（iii）利用弦长表达式 $|AB|=2p/\sin^2\theta$ 求解；

（iv）利用直线 AB 的参数方程求解；

（v）转化为抛物线的极坐标方程求解。

【案例 3-2-5】 说题比赛一例：以静制动，化动为静

本题是 2012 年浙江舟山普陀区初中数学教师说题比赛试题，以下是获得该次说题比赛第一名的普陀东港中学贺彦斌老师的说题稿（稍作修改）。

说题原题：如图 3-2-2，已知正方形 $ABCD$，点 M 在 BC 边上，点 N 在 CD 边上，$AM\perp MN$。问当点 M 运动到哪里时，$\triangle ABM$ 与 $\triangle AMN$ 相似？

我今天说题的主题是"以静制动，化动为静——寻找变与不变之间的关系"，我将从解题思路、教法学法、问题拓展、教后反思四个方面来谈谈我的看法。

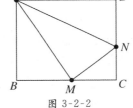

图 3-2-2

动态几何是近几年中考常见的题型之一，本题是双动点问题，重点考查学生对相似三角形、全等三角形、特殊四边形、角平分线性质等基础知识的综合运用，以及分类讨论、数学推理等基本数学思想，培养学生观察、分析图形及语言表达等数学思维能力。

（一）解题思路

分析：由 $\triangle ABM$ 与 $\triangle AMN$ 相似，$\angle B=\angle AMN$，要证其他对应角相等，有两种情形。第一种情形：$\angle BAM=\angle MAN$，第二种情形：$\angle BAM=\angle ANM$。而对于后者，由已知 $AM\perp MN$，可得 $BA\perp AN$，这与 $ABCD$ 是正方形矛盾，故只有第一种情形是可能的。

解法一：如图 3-2-3，由 AM 平分 $\angle BAN$，作 $MP\perp AN$ 于 P，由已知可得 $BM=MP$，$MP=MC$，即当点 M 为 BC 中点时，$\triangle ABM$ 与 $\triangle AMN$ 相似。

解法二：由 $\triangle ABM\backsim\triangle MCN$，得 $AM/MN=AB/MC$。又由 $\triangle ABM\backsim\triangle AMN$，得 $AB/BM=AM/MN$，故 $BM=MC$，即点 M 为 BC 的中点。

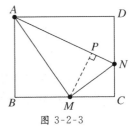

图 3-2-3

解法三:方程思想。设 $BM=x$,$CN=y$,正方形 $ABCD$ 的边长为 4,由 $AM^2+MN^2=AN^2$,可得 $x^2+4^2+(4-x)^2+y^2=4^2+(4-y)^2$,化简得 $y=-x^2/4+x$。又由 $AB/BM=AM/MN$,代入解得 $x=2$。即当点 M 是 BC 边的中点时,$\triangle ABM$ 与 $\triangle AMN$ 相似。

(二)教法学法

根据学生知识掌握情况,该题目的教学可分三步走。

1. 从结论出发,寻找突破口

首先,引导学生回顾相似三角形的性质及判定。若两个三角形相似,便有对应角相等,对应边成比例。从图形中,学生首先发现 $\angle BAM=\angle MAN$,顺着这一思路,我将引导学生发现角平分线,从而由角平分线的性质得到 $BM=MP$,这样就把线段 BM 转化成线段 MP,能否通过进一步转化得到 PM 与 MC 的关系呢?由已知和直角三角形斜边上高的性质,可得 $\angle PMN=\angle CMN$,进而得 $PM=MC$,由此推出"M 是 BC 边中点"这一结论。从结论出发,通过层层转化,用线段 PM 作过渡桥梁,结合角平分线性质,达到突破难点的目的。

2. 从条件出发进行分析,学会对知识的灵活运用

在教学过程中,我将采取小组合作的方式,鼓励一题多解。动态问题的难点在于动的状态,如何从条件中挖掘信息,化动态为静态,是解题的关键。条件中始终保持 $AM\perp MN$,这样就会有不变的关系存在,比如,解法二中的"三垂足",由 $\triangle ABM \backsim \triangle MCN$ 和 $\triangle ABM \backsim \triangle AMN$,得到有关 BM 与 MC 的两个比例式,对比这两个式子就有 $BM=MC$ 了。

3. 理清思路,发现动与不动的关系

在讲解的过程中,我首先选择两次全等的解法一对学生进行引导,这一方法较自然,学生也容易理解,体现了数学中的转化思想。讲解完后,让学生书写过程,进行板书,进一步加以内化。接下来启发学生思考其他解法,其中第二种方法,关键是让学生体会动态几何中变与不变的关系,并且为接下来的拓展及变式作铺垫。而解法三数形结合,用方程的思想解决问题,体现了几何与代数的联系。

(三)问题拓展

拓展一:若把题中的正方形,变成一般的长方形(如图3-2-4),此时,点 M 在何位置时,$\triangle ABM$ 与 $\triangle AMN$ 相似?

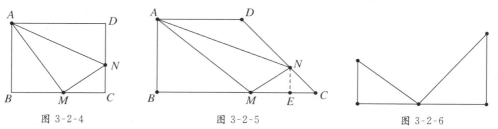

图 3-2-4　　　　　　　图 3-2-5　　　　　　　图 3-2-6

拓展二:若把题中的正方形变成如图3-2-5所示的直角梯形,使 $AB=AD=4$,$\angle C=45°$,此时,点 M 在何位置时,$\triangle ABM$ 与 $\triangle AMN$ 相似?

以上两种拓展变式的目的,是让学生在动的过程中发现不变的东西,即"三垂足"这一

基本图形(如图 3-2-6)。拓展一也是当点 M 运动到 BC 的中点处时,△ABM 与 △AMN 相似。而拓展二中,应让学生找出基本图形,引导学生作 $NE \perp BC$ 这一辅助线,从而把题目归结为上述的三垂足问题。

拓展三:在拓展二中,能否确定 M 点的位置呢? 从图 3-2-5 中你还能得到哪些信息呢? 进一步,如图 3-2-7,△ABM 与 △AMN 相似,$MP \perp AN$,则 BP 与 CP 有何位置关系?

拓展三设计的目的是希望学生能挖掘题目中更多的潜在信息,多思考,不要单纯为解题而解题。

拓展四:若点 M,N 在边 BC 与边 CD 延长线上运动,是否存在△AMN 与 △ABM 相似呢?

引导学生画出如图 3-2-8、图 3-2-9,并加以计算。

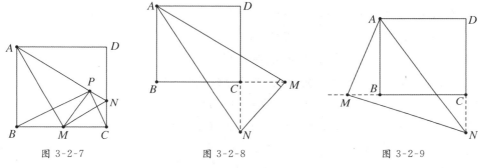

图 3-2-7　　　　　图 3-2-8　　　　　图 3-2-9

(四)教后反思

本题属动态几何问题,它将相似三角形与特殊四边形巧妙结合,通过变与不变的关系,建立知识点间的联系,帮助学生挖掘数学中的“动”中所蕴含的“静”的元素,学会以静制动。通过本题教学,起到了巩固数学基础知识、训练数学基本技能、领悟数学基本思想以及积累丰富的数学解题基本活动经验的作用,从而进一步发展学生的数学素养,培养学生的创新精神和实践能力。

以下提供两个高考题说题案例PPT。

说题(三角高考题)　　　　　说题(向量高考题)

三、数学解题教学

一道数学题呈现之后,具体该怎么教呢? 解题教学一般包括审题的教学、寻找解题思路的教学、书写解答过程的教学和解题反思的教学。解决数学问题有三种境界:就题论题,就题论法,就题论道。就题论题,只囿于问题本身,问什么答什么,不论方法,不思变式;就题论法,通过题这个载体,思考解决问题的一般方法,明确建立能够举一反三的通法;就题论道,不只学习一般的解题方法,而且由联想推广到一般结论,力争找出反映问题本质属性的规律。但在实际教学中,大多数老师的解题教学水平还只是在就题论题的水平,少数的老师能够通过归纳总结解决问题的一般方法,达到就题论法的水平,能够达到就题论道的,可以说是凤毛麟角。

如何达到解题教学的更高境界呢?特级教师任勇指出:"怎样让学生爱学数学呢?我主要采用寓'变'于教学之中的方法,用'变'的魅力来吸引学生,促使学生爱学数学。"

【案例 3-2-6】 寓"变"于解题教学之中

在 $\triangle ABC$ 中,已知 $A(4,-1)$,$\angle B$,$\angle C$ 的平分线方程分别是 $l_1: x-y-1=0$;$l_2: x-1=0$。求 BC 边所在直线的方程。以下是教学片段:

"同学们会变吗?"

"变 1:将 l_1,l_2 改为对应边的中线呢?"

"变 2:将 l_1,l_2 改为对应边上的高呢?"

"变 3:l_1,l_2 分别为对应边上的中线、高呢?"

"变 4:l_1,l_2 分别为对应边上的中线、角平分线呢?"

"变 5:l_1,l_2 分别为对应边上的角平分线、高呢?"

"解答就留给同学们去探索吧!希望同学们在数学学习中,充分利用变题,学会解一类题。在变题中,学会探索;在变题中,学会创造;在变题中,把自己变得更聪明、更机智。"

四、案例:"学会解题"教学设计

关于怎样开展解题教学,以下呈现课例:学会解题——从课本上一道几何练习题说起。该教学案例是浙江省特级教师郑银凤老师为温州市初中教师上的一节示范课,这节课的突出特点是进行解题的一题多解和一题多变,值得我们借鉴。

【案例 3-2-7】 学会解题——从课本上一道几何练习题说起

【教学目标】

1. 会综合运用特殊三角形的性质和判定解决简单的几何推理问题;

2. 以一道课本典型练习题为原型,探索问题解决的不同思路以及进行恰当的变式,激发学生对数学推理的兴趣,拓宽学生的视野,发展学生思维的广阔性和灵活性;

3. 尝试在具体问题情境中发现问题、提出问题并解决问题。

【教学重点】 对一个几何问题进行一题多解、一题多变。

【教学难点】 如何进行一题多变。

【教学过程】

一、直接引题

学习数学离不开解题。以下是一道课本上的几何练习题,当时你是怎么做的?

问题一:如图 3-2-10,在等腰三角形 ABC 中,①$\underline{AB=AC}$,②$\underline{D\ 为\ BC\ 的中点}$,则③$\underline{点\ D\ 到\ AB,AC\ 的距离相等}$。请说明理由。

在学生解答后指出：拿到一个题目，不能仅停留在解决这个题目，我们还要多些思考。思考什么？怎么思考？现在我们以这个题目为例，一起来聊聊关于解题（板书课题——解题）。

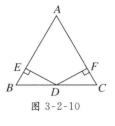

图 3-2-10

二、新课教学

环节一，体现问题解决方式的多样化，引导学生重视"一题多解"。

还有不同的方法吗？

预设：一般能用以下的前两种方法。

方法一：利用角平分线性质。如图 3-2-11，连接 AD，因为 AD 是等腰三角形 ABC 底边上的中线，因此也是顶角的平分线（角平分线上的点到角两边的距离相等）。

方法二：要说明两条线段相等，一般会想到利用全等三角形性质。

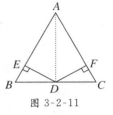

图 3-2-11

即通过说明 $\triangle BDE \cong \triangle CDF$ 得到（两条线段相等常用的方法是找到一对以这两条线段为边的全等三角形）。

方法三：由垂直的特殊性，利用面积。因为 $S_{\triangle ABD} = S_{\triangle ACD}$，$AB = AC$，得 $DE = DF$。

（距离会想到三角形的高，利用面积法。利用面积关系进行推理有时会达到事半功倍的效果。）

还有其他方法吗？有兴趣的同学课后探究。

点题一：要一题多解，拓展思路。（板书一题多解）

环节二，体现对问题解决的深化和拓展，引导学生关注"一题多变"。

如果想有效地提高解决数学问题的能力，你必须再去做一件事——多问几个问题（将题目作一些变化）。比如，①对这个题目，你还能得到其他结论吗？②条件和结论能交换吗？③弱化（或去掉）某个条件，会怎么样？④强化（或增加）某个条件，结论又会有怎样的变化？等等。

思考一：还能得出其他结论吗？

从边（线段）、角、周长、面积等方面考虑，可得出许多结论（还可考虑点 D 到两腰中点的距离相等……）。

思考二：条件和结论能够交换吗？（①，③交换或②，③交换）

问题二：在等腰三角形 ABC 中，$AB = AC$，D 为 BC 上的点，如果点 D 到 AB，AC 的距离相等，那么 D 为 BC 的中点吗？请说明理由。

问题三：在 $\triangle ABC$ 中，D 为 BC 的中点，如果点 D 到 AB，AC 的距离相等，那么 $AB = AC$ 成立吗？请说明理由。

思考三：条件必要吗？若弱化（或去掉）某个条件，结论是否仍成立？

问题四：在 $\triangle ABC$ 中，D 为 BC 的中点，点 D 到 AB，AC 的距离相等吗？

由图 3-2-12，若 $AB \neq AC$，显然，结论不成立。

问题五：在 $\triangle ABC$ 中，$AB = AC$，点 D 为 BC 边上的一动点（中点除外），则点 D 到 AB，AC 的距离相等吗？

由图 3-2-13,显然 $DE \neq DF$,但 $DE + DF$ 的值始终不变(腰上的高 CG)。

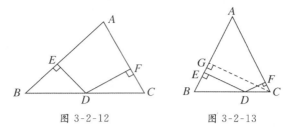

图 3-2-12   图 3-2-13

通过几何画板让学生观察动点在 BC 两端点时两距离并成一条线段,为腰上的高,猜测是否有结论:$DE + DF = CG$,用面积方法进行说理。

问题六:如图 3-2-14,在 $\triangle ABC$ 中,$AB = AC$,点 D 是 BC(或 CB)延长线上的任意一点,又有怎样的结论? 请说明理由。

思考四:加强(或增加)某个条件,如将"等腰三角形"改为"等边三角形"。

问题七:如图 3-2-15,若点 D 是等边三角形内的任意一点,情况又会如何呢?(条件加强可能会得到更有益的结论)

(以上问题的解答过程表述让学生课后完成。)

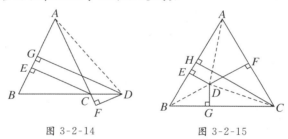

图 3-2-14   图 3-2-15

点题二:要一题多变,深化思考。(板书一题多变)

三、课内练习

已知:①E 是 $\angle AOB$ 的平分线上一点,②$EC \perp AO$,$ED \perp BO$,垂足分别是 C,D,则③$\angle EDC = \angle ECD$。请说明理由。

要求:体现一题多解和一题多变。

四、课堂小结

做几何题目,要多些思考,多些设问,不仅可以收获意想不到的结论,同时还可以提高自己的解题能力。如何做? 本节课向大家介绍两方面的做法。一题多解:思考其他解法。一题多变:①尽量多得到其他结论;②试着将条件和结论进行适当交换;③弱化(或去掉)某个条件;④加强(或增加)某个条件,等等。

五、课外作业

整理本节课例题"一题多解"的各种解法和"一题多变"的各个问题、解法。

五、数学解题技能过关考核

数学解题技能是数学教师的基本技能,也是大多数中学数学教师招聘考试的一项主要内容。数学解题技能通过对中学数学教学内容解题的考查,综合检测师范生对中小学数学教学内容的掌握程度、对数学本质的理解水平以及分析问题和解决问题的能力。对中学数学教学内容的考查,要结合初等数论(主要是整数整除理论)、中考、高考数学试题和全国初中数学联赛、高中数学联赛(一试)试题难度水平,既要全面又要突出重点,注重中小学数学教学内容的内在联系和知识的综合性,从中学的整体高度和思维价值来考虑问题,使对中学数学教学内容的知识考查达到必要的深度。数学解题技能考核内容主要有以下几个方面。

(1)数与代数:了解数与代数的发展简史,理解有理数、实数、代数式、整式、对称式和轮换对称式、分式、部分分式等概念,掌握相应的运算性质与法则。了解余式定理、代数式的恒等变形以及恒等式的证明,会运用拆项、添项、配方和待定系数法解决数与式的有关问题。了解数系扩充的必要性,理解复数的概念、复数的运算以及复数与平面向量、三角函数的关系,掌握复数的加、减、乘、除、乘方、开方的运算性质与规则。

(2)集合与简易逻辑:了解子集、交集、并集、补集、命题、充要条件等概念的意义、有关术语和符号表示。理解集合之间的运算法则,会求集合的交、并、补运算。掌握四种命题之间的关系,以及充分、充要条件的判断。了解证明与推理的含义,掌握简单命题的证明方法。

(3)函数:了解函数概念的发展历史,了解映射概念,掌握函数概念与函数的基本性质(单调性、奇偶性、周期性),理解基本初等函数的图形与性质之间的关系,掌握基本初等函数的性质,并能够综合利用函数知识解决实际问题。

(4)三角函数:了解角、弧度制、任意角的三角函数、三角函数线等概念,理解同角三角函数的基本关系式、诱导公式、两角和与差的正弦、余弦、二倍角、半角、积化和差、和差化积等三角公式的内在联系以及公式在求值、化简、证明中的应用。掌握正弦函数、余弦函数的图象、性质以及图象之间的变换规律,掌握正弦定理、余弦定理在解斜三角形中的应用。

(5)方程与不等式:理解方程与不等式的概念,掌握方程与不等式的同解原理,会解一元一次方程(组)或不等式(组)、一元二次方程或不等式、含绝对值的一元一次、二次方程或不等式、简单的含字母系数的方程与不等式、简单的一次不定方程,会列方程或不等式解应用题。掌握不等式的基本性质,不等式的证明、不等式的解法,含绝对值不等式。利用基本不等式解决实际问题。掌握一元代数方程(特殊类型)的解法,掌握初等超越方程的解法。理解算术平均与几何平均不等式、贝努利不等式、柯西不等式及其应用。

(6)数列:掌握等差数列、等比数列的概念、通项公式以及前 n 项和公式的推导以及应用。

(7)排列组合与二项式定理:了解排列、组合、排列数、组合数等概念。理解加法原理和乘法原理,掌握常见排列或组合问题的解决方法,掌握二项式定理以及二项展开式的性质以及应用。

(8)平面向量:了解向量的意义、几何表示以及向量运算的法则。掌握向量的加法与减法、实数与向量的积、平面向量的坐标表示、线段的定比分点、平面向量的数量积、平面两点间的距离、向量平移的意义以及计算公式。会利用向量解决立体几何的有关问题。

（9）极限与数学归纳法：了解极限的概念以及数学归纳法的思想。理解数列极限、函数极限的概念、意义以及运算规则，掌握数列极限、函数极限的计算方法。掌握数学归纳法在证明与自然数有关命题中的运用。

（10）微积分初步：了解微积分建立的时代背景与历史意义，理解导数与微分之间的关系，理解和、差、积、商、复合函数的求导法则，掌握初等函数的求导方法以及利用导数讨论函数的性质。

（11）平面几何：了解点、线、面、角、距离、面积、体积等概念，掌握各种常见平面图形（如三角形、平行四边形、圆等）的性质与位置关系。了解尺规作图、视图与投影的原理，理解图形的轴对称、中心对称、图形平移、图形旋转、图形相似等变换的基本性质与应用。

（12）立体几何：了解空间几何体的有关概念，理解线与线、线与面、面与面之间的各种位置关系以及判定定理与性质定理，掌握空间各种角、距离、面积（侧面积、表面积）、体积的计算公式。

（13）解析几何：了解曲线与方程的概念。理解坐标法解决问题的基本思想，理解直线与圆的位置关系，理解椭圆、双曲线、抛物线之间的内在联系。掌握直线与圆的各种方程形式的求法，掌握椭圆、双曲线、抛物线的定义以及标准方程、几何性质。

（14）统计与概率：理解平均数、方差、频率、概率等统计量的概念以及意义，掌握统计图表的制作方法，体会用样本估计总体的思想。

（15）整数的整除性：掌握整除、约数、倍数的定义，会用定义证明整除问题。掌握带余除法表达式。掌握奇数、偶数的性质以及"奇偶分析法"解决问题。掌握被 2、3、4、5、8、9、11 整除的数的特征。掌握质数、合数、完全平方数、质因数、最大公约数、最小公倍数、互质、两两互质的定义，会求两个数的最大公约数。会求几个整数的最小公倍数。理解算术基本定理。会将自然数分解质因数，写出自然数的标准分解式。

（16）逻辑推理问题：了解抽屉原理，并会运用该原理解决简单的问题。了解简单的逻辑推理问题，初步运用反证法和简单的极端原理解决有关问题。

第三节　教育实习的各项准备

教育实习的充分准备是教育实习成功的保证，师范生应根据学校教育实习的要求和具体安排，认真细致地做好教育实习的各项准备，做好整个实习阶段的心理准备和心理调控，打有准备之仗。

一、教育实习的前期准备

培养师范生良好的教师素质,不是一朝一夕的事情,必须经过长期严格的培养和训练才能完成。教育实习的前期准备,就师范生而言,指的是从一进入师范院校开始到即将进行教育实习时止这段时间内所开展的一切学习活动,包括各种思想教育和专业知识教育、各种教师素质的养成以及教师职业技能训练等。就学校而言,教育实习前期准备的主要任务是:通过各种教学活动,培养学生对教育事业的热爱,使其掌握科学的世界观和方法论,具有现代教育意识、教育观念,掌握数学专业基础理论知识和基本技能,对数学学科发展状况有所了解,懂得教育教学规律,掌握过硬的教师职业技能,具备基本的教学工作能力和班主任工作能力。

师范院校应该要求学生在教育实习之前修完教学计划规定的全部必修基础课程和专业学科课程,以及全部的教育类必修课程,而且成绩合格。为了给学生一杯水,教师自己得装上满满的一桶水。为此,师范生一入校门,就要苦练内功,既牢牢掌握专业知识,又时刻注意培养自己的实践能力和创新精神,了解数学学科的前沿,关注中学数学课程改革动态,方可在以后的教育实践中有所成就。

师范生从入学时开始,就应该把专业知识、教育理论的学习和教师基本技能训练结合起来,使之齐头并进。要做到三会,即会现代教育技术,以适应基础教育现代化的要求;会进行班级管理,善于做好学生的个别教育及班级日常工作;会一项文体技能,为适应基础教育促进学生个性发展、开展素质教育奠定基础。要做到三能,即能用普通话进行教学和演讲,能写规范的"三笔字"(钢笔字、毛笔字、粉笔字),能初步进行与本专业有关的教学教改研究。还要做到二熟,即熟悉中小学数学课程标准和教材体系,熟练地掌握并规范地使用教学语言、一门外国语言及计算机语言。

二、教育实习的临界准备

教育实习的临界准备指师范生与教育实习的组织者在即将进行教育实习时,为成功地进行教育实习所做的有关准备工作。教育实习的临界准备是多方面的,概括起来主要应做好组织准备、思想准备、业务准备及财物准备。

(一)组织准备

组织准备是教育实习成功的关键。一是建立学校、学院、系及实习学校的组织领导机构和办事机构;二是进行教育实习工作的总体部署,由学校教育实习工作领导小组召集有关领导布置任务,确定实习学校,全面部署实习工作;三是与实习中学协调并落实教育实习工作;四是做好教育实习工作的具体安排,明确教育实习带队教师,划分实习队和实习小组,确定各实习队长和各小组组长;五是去实习学校联系有关工作,例如,实习人数、实习班级、大致教学内容、食宿安排等。

(二)思想准备

思想准备是教育实习成功的关键。师范生在一入校时就应该充分认识到教育实习的重要性。以前,总有一部分实习生对数学教育实习的重要性认识不够,心理准备极其不足。他们认为教育实习就是在课堂上讲几节数学课,没有什么困难,也没有什么意义。其实不是这样,数学教育实习在数学教师职前培养中有着重要的作用,教学活动是个人化、情境性的活动,数学教师关于数学教育的认知很多属于默会知识,是"只可意会、不可言传"的。因此,在数学教师专业化过程中,数学课堂教学实践及建立在此基础上的教学反思有十分重要的教育价值,是数学教师专业成长的必由之路。因此,实习生首先要认识到数学教育实习的重要性,并引起足够的重视。

实习生要在心理上和情感上认定自己是一名学生型的教师,要把对数学教育事业的挚爱和对学生的热爱内化为一种信念,外化为踏踏实实的求学态度,积极参与各项数学教育实习实践活动,培养自己对教师职业的感情、对学生的淳淳爱心、对教育的执着追求。在教育实习过程中,还要勇于实践,顺利实现教师与学生的双重角色转换。

在教育实习过程中,必须端正态度、虚心学习,除了向学院带队教师与中学指导教师认真学习以外,还要向实习学校的其他教师学习,要向同在一个实习学校的其他实习生学习,甚至要向实习学校的学生学习。实习生还要处理好与指导老师、实习同学、实习学校学生等之间的关系,努力营造一个良好的人际心理环境,为实习的顺利开展做好全面准备。

(三)业务准备

业务准备是教育实习成功的核心。业务准备应该说是教育实习前期准备的主要内容,但在教育实习即将开始的时候,也必须做好下列业务准备工作。

(1)专业知识和教学技能准备。实习生要针对拟实习课程内容的需要和自己的不足,回顾在校所学的专业知识,特别是教育学、心理学、数学学科教学法的有关内容;应该通读中小学数学教材及数学课程标准,并对拟实习的章节和前后相关内容进行认真的钻研,明确其重点和难点,尝试编写教案,思考教法。

(2)资源准备。"书到用时方恨少"。在教育实习中,中学数学课程标准、中学数学教科书、教学参考书、数学教育学与心理学方面书籍、班级活动参考书、字辞典等工具书都是不可缺少的重要资料,因此必须早早留意和准备好。但是,为了避免重复,应尽可能以实习小组为单位有计划地进行,做到少而精。

(四)财物准备

"兵马未动,粮草先行"。财物准备是教育实习成功的保证。实习生必须在教育实习之前领取实习教材、教案本、有关教育实习表格及一些必要的办公用品。由于教育实习的时间比较长,而且实习工作比较紧张,实习期间难有时间回校,因此应该带足必要的生活用品。另外,师范院校的教育实习办公室应根据学校有关规定做好教育实习经费预算,确保教育实习所需的经费够用。

做好了教育实习的各项准备,你就将要正式踏上"教育实习"的征程了!

第四章 数学教育实习

教师必须德才兼备,既要有丰富的学科知识和扎实的专业基础,又要具备综合运用并发展这些知识的能力;既要有精湛的教学技能,又要有高尚的道德情操与优良的品质修养。教育实习对师范生的各种知识的学习、能力的培养及优良品质的形成起着十分重要的作用。

"教育实习"是数学与应用数学(师范)专业必修的一门实践教学课程。通过教育实习,师范生能体验中学数学课程教学、中学班级管理以及教研工作常规,向中学教师学习教学和管理经验,增强教师责任意识;同时,形成正确的教育价值观、坚定的政治信念、崇高的师德规范,为将来从事中学数学教学和研究奠定基础。本章按教育实习的内容,全面阐述实习中的师德体验、教学工作、教研工作和班主任工作,最后谈谈教育实习的总结与评价。

第一节 师德体验

师范生通过师德体验等教育实践,充分认识中学教育工作的重要意义,增强作为人民教师的光荣感和使命感,自觉以"有理想信念、有道德情操、有扎实学识、有仁爱之心"为职业追求,丰沛教育情怀,坚定教育信念,矢志立德树人。

师德体验实习,包括日常行为的爱党爱国与遵纪守法,日常工作的爱岗敬业,师生交往的关心爱护尊重学生、严慈相济与保护学生安全,班主任工作的教书育人,教研活动的终身学习,细微之处的为人师表。通过师德体验,认识中学教育工作的意义,增强教师职业责任感。全面体验、感悟与践行爱国守法、爱岗敬业、关爱学生、教书育人、为人师表、终身学习的教师职业道德规范;不断升华对教师职业的认知、情感、态度和价值观,不断强化未来从事教师职业应有的道德知识、道德意识、道德规范、道德行为,坚定热爱教育事业的理想和信念。

一、师德与教师发展

教师是帮助学生增长知识和发展进步思想的引导者,教师的专业素质水平将直接影响学生的身心发展和教育的成效。教师的专业素质主要包括专业情意、专业知识和专业技能。专业情意集中表现为师德;专业知识和专业技能集中体现为师能。师德是教师素质的核心构成要素,是教师专业发展的基石,能帮助教师协调好教育教学中的各种关系。有了师德的支撑,教师的专业发展才能有深厚的基础;有了师德的追求,教师的专业发展才能获得持续的动力。

(一)师德是教师职业人生的根本标志

师德是教师职业人生的根本标志,师德修养贯穿教师专业发展的全过程,是引领教师职业行为的内在灵魂,是教师幸福人生的必由之路。师德的品质直接关系着教育的效能和教师的教育生活品质,是学生幸福和教师职业人生幸福的心灵根基。学高为师,德高为范,没有教书育人所必需的优良德行基础,纵然学富五车、才高八斗,也与教师名不符实。

(二)师德是教师职业行为的精神基础

康德说,在这个世界上,唯有两样东西深深地震撼着我们的心灵:一是我们头上灿烂的星空;二是我们内心崇高的道德。教书育人是教师的天职,是教师的神圣使命。良好的师德修养能唤起教师的专业热情,产生专业发展的责任感、使命感、紧迫感,从而激励自己不断提高专业水平。一个师德高尚的人,即使他的才能暂时有所不足,他也会抱着对学生认真负责的态度,刻苦钻研,努力提高自己的专业水平。所以说,促进教师的专业发展,提高教师的道德修养应是前提和基础。也只有具备良好的师德修养,才能真正促进教师的专业发展。

(三)师德是教师专业发展的关键要素

教师的专业发展是教师追求职业品质的发展。它既包括教师个人知识、技能、专长等方面的发展,也包括职业精神的提升。教师是一种以自己的人格培养人格、以自己的灵魂塑造灵魂的职业。教师职业的教育性决定了教师专业发展永远无法脱离道德规范,师德修养始终是教师专业发展的核心要素,对促进教师专业发展具有特殊而重要的意义,是教师专业发展的一项重要内容。高尚的德行是教师为人师表的核心,自古以来对教师的职业道德就有很高的要求,强调教师应该为人师表、以身立教,以及对学生进行人格感化。新课程实施以来,教师专业发展呈现出多维、综合发展的趋势,但教师职业的教育性决定了教师专业发展不可能脱离道德的规范。师德在教师专业素养中居于核心的地位。

(四)师德是教师专业发展的内在动力

教师职业人生的发展,主要是指教师的专业知识、专业技能、职业道德和职业生命不断丰富、提升与充盈的过程,又称教师的专业成长,其核心是教师个体教育意识的全面觉醒。教师的成长与发展,是教师职业专业化的必然要求,是一个持续的过程。教师专业成长的动力从哪里来? 是这个职业的社会地位和物质待遇还是出自对这个职业的兴趣爱好? 从心理学上来分析,人的行为动力来自内心深处的需要和欲望,其表现形态为物欲、兴趣、情感、信念、理想等,它们构成一个人的行为动力系统。虽然职业的地位和待遇在一定程度上可以构成专业成长的动力,可以给人的行为带来强有力的动力,但如果把它看成

"唯一",把教学工作仅仅看作谋生的手段,看作付出技术、劳动从而得到报酬的交换关系,教师就会只关心教学的技术层面而不关心教学的价值层面,计较于付出与报酬间是否平衡。一旦失衡,动力锐减;一旦有更有利可图之处,就会表现出职业动摇,或者做出与教师职业人格不符的事来。因此,仅仅把教育工作看作谋生手段,其动力难以持久。理想是一个人的奋斗目标,远大的理想使人们不受眼前利益所驱使,不被一时困难所阻碍,表现为教师对教育事业的执着和对专业成长的强烈愿望。职业理想是教师专业成长恒久的动力。

(五)教师专业发展对师德具有促进作用

教师劳动的特点,需要教师把自己的专业劳动看作一种具有特殊社会价值的公共服务,要有不受营利性动机驱使的奉献精神,要有热爱专业、忠于职守的敬业精神。没有对教师职业的特殊情感、兴趣、责任心和敬业精神,就不可能真正承担起教书育人的工作,更谈不上促进教师专业的发展与成长。同时,教师在专业发展过程中,只有不断增强自身的专业发展意识,不断超越自我,享受专业发展的成功体验,巩固自己的专业热情,才会进一步提高自己的师德修养。教师在自己的专业实践中,应努力建立平等、民主、和谐的师生关系,和学生共同学习、共同成长,做学生成长的引领者、学生潜能的唤起者、教育艺术的探索者。教师所有的专业素养的发展必须推动师德修养达到一种更高的专业境界。

二、师德体验的目的与任务

(一)师德体验的目的

第一,通过教育实习,师范生接触和了解中学教育教学的情况,从而受到深刻的专业思想教育,进一步培养职业情感和优良师德,进一步巩固热爱和忠诚于社会主义教育事业的思想,增强对基础教育工作的适应性。

第二,通过教育实习,师范生初步了解数学教学的目的、要求和特点,受到教育教学工作的实际锻炼,将所学的专业知识、教育教学基本理论及教学基本技能综合运用于教育和教学实践,培养师范生对中学教育教学工作的兴趣,培养师范生独立从事教育教学工作的初步能力,培养师范生从事班主任(班级管理)工作的初步能力和兴趣,培养师范生初步的教育教学研究能力。

第三,通过教育实习,师范生接受教育、经受锻炼,在思想品德、基础知识、教育技能、教学能力等方面接受综合检查和评价。

从师范生师德养成的环节看,教育实习旨在要求师范生站在教学一线,以实操者的身份,从事教学工作、班主任(班级管理)工作、教研工作、教学事务管理工作等,全面践行教师教书育人的职责,全面实践并体验教育教学活动中的教师职责,收获学生、家长、同事、领导等的各种反馈和评价,进一步升华对教师职业的认知、情感、态度和价值观,进一步强化未来从事教师职业应有的道德知识、道德意识、道德规范、道德行为,坚定热爱教育事业的理想和信念。

(二)师德体验的任务

1.通过观察、参观实习学校的校史,学习、了解、走访实习学校优秀教师,理解、感悟、体会师德的内涵。

2.在教育实习的全过程中全面体验、感悟和践行教师职业道德规范。

3.在教育实习期间完成不少于 5 篇"师德体验日记"。

4.教育实习结束后撰写一篇"师德体验、感悟、践行总结报告"。根据"师德体验考核参考标准",认真总结个人在实习过程中对教师职业道德的理解、感悟、体验和践行情况。不少于 1000 字。

(三)实习生守则

1.坚持四项基本原则,热爱教育事业,热爱学生,教书育人,严肃、认真、专心致志投入教育实习。

2.认真学习并贯彻执行党和国家的教育方针。

3.刻苦钻研教材,深入了解学生,工作认真负责,克服困难,始终如一,全面完成各项实习任务。

4.为人师表,讲究礼貌;仪表端庄,衣着大方;言行举止,作风修养,应成为中学生的表率。不准在实习工作中抽烟喝酒,不准向中学生散布不健康的书刊、作品和言论,严禁与中学生谈情说爱。

5.实习小组要坚持政治学习,成员间要互相关心、团结友爱、互学互帮。

6.尊重实习学校教职工,虚心接受指导教师的指导,对实习学校工作的意见建议可向实习领导小组反映。

7.不准私自带领学生外出游玩及参加其他活动,需要时必须由实习学校教师带队,要特别注意学生人身安全,也要注意本人人身安全。

8.在实习期间实行坐班制,严格遵守实习学校规章制度,严格遵守实习纪律,如需请假,一天以内向带队教师请假,三天内向校实习领导小组请假,超过三天需向教育实习领导小组请假,一周以上必须报学院教务科备案。

教育实习师德体验手册

三、师德体验的方式

师德体验贯穿于教育实习的所有环节。不同的教育实习环节、不同的实习场合、不同的实习岗位对师德的要求不同,其体验的感受也不同。

在日常行为中体验爱国守法的职业意识。教师的言行对学生的影响是潜移默化的,尤其对于正处于人生观、世界观形成期的中学生来说,影响也许是一生的。爱国就是热爱这片生我们养我们的土地以及这片土地上的人民,尽我们最大的努力去建设祖国,让她更美好。守法是一个公民必须履行的责任,不得有违背党和国家方针、政策的言行。师范生在升旗仪式、政治学习、与人交往、个人独处等日常活动中感悟与体验爱党爱国的职业意识,在校园里、课堂上、办公室等各种场所,在与学生交流、与家长接触等各种情况下感悟与体验遵纪守法的职业意识。

在日常工作中体验爱岗敬业的职业操守。教师职业的特殊性要求教师忠诚人民教育事业,志存高远,对工作高度负责,勤勤恳恳,兢兢业业,甘为人梯,乐于奉献。师范生在每一个教学环节、每一项班主任工作、教育教学研究过程中感悟、体验、践行爱岗敬业的职业操守。

在师生交往中体验关爱学生的职业情怀。师范生在教育实习过程中与学生交流时,通过关心、爱护全体学生,尊重学生的人格,保护学生的自尊心,尊重学生的心理感受,平等、公正地对待学生,体验教师的职业情怀。对学生严慈相济,做学生的良师益友,做学生信任的护航者,体验教师的职业幸福感。保护学生安全,维护学生合法权益,促进学生全面、主动、健康发展,体验教师的职业自豪感。不讽刺、挖苦、歧视学生,不体罚或变相体罚学生,体验教师的主体尊重性。

在班队工作中体验教书育人的职业成就。班队工作是教师进行班级组织建设、思想建设、制度建设、文化建设的主载体,是关爱学生心灵成长、心理健康的主平台,是教师充分发挥管理育人、文化育人、活动育人、环境育人的主阵地。师范生在班主任工作计划、班集体建设、班干部工作安排、班级舆论建设、班级日常管理、个别教育、与家长联系等各个方面体验与感悟教书育人的职业成就。

在教育研究中体验终身学习的职业追求。在教师专业化背景下,师德着力体现为学生服务的专业意识,严谨治学、诲人不倦的专业品质,言传身教、为人师表的专业形象,终身学习、不断进取的专业意志。师范生在教育实习的教育调研、教学反思与研究活动等过程中,应不断钻研教育教学业务、自觉更新教育观念,及时更新专业知识,不断提高教书育人的能力水平,让自己站在时代前沿,高瞻远瞩地引领学生发展,充分体验终身学习的职业追求。

在细微之处体验为人师表的职业素养。在素质教育的背景下,建立平等、和谐的新型师生关系是师德的重要标志。师范生在与学生交往过程中的细微之处,体现以身作则、严于律己,公平对待贫困生、后进生等,在各种场合衣着得体、言行举止文明礼貌,在细微之处践行平等交流的职业要求、体现为人师表的职业素养。在与家长交流过程中,谦虚谨慎、团结协作、平等对待学生家长,耐心细致对待学生家长,不利用职责之便谋取私利,在细微之处践行平等交流的职业要求、体现为人师表的职业素养。

四、师德体验总结报告案例

【案例 4-1-1】　师德体验、感悟、践行总结报告

(说明:根据"师德体验考核参考标准",认真总结个人在实习过程中对教师职业道德的理解、感悟、体验和践行情况。不少于 1000 字。)

我们经常听到"学高为师,身正为范""教书,育人得先行"。教师是学生行动的标杆,教师的一言一行、一举一动都在潜移默化地影响着学生。在这次实习中,通过对师德师风

的学习，我领悟到教师不仅要有广博的知识，更要有高尚的道德情操。

首先，从事教育事业的前提是爱岗敬业。作为一名合格的教师必须具备强烈的责任感和使命感，要以饱满的热情做好自己的本职工作。我知道，教书育人是一项责任重大的工作，不能敷衍和马虎。赵老师对我们说："要想学生能够有效学习，我们必须要改变满堂灌的教学方式，及时更新自己的教学观念，创造性地运用多样化的教学方法进行教学，同时也要有严密的知识体系。"在这两个多月的实习过程中，我始终牢记老师的叮嘱，贯彻落实自主备课、听课比较、发现问题、进行改正这一整套流程，不光是听自己老师的课，只要我有空，我会尽可能多地去听其他老师以及其他实习生的课。对于自己的课堂，每一节我都进行了录像，这能更好地帮助我发现问题。在日后，我会继续坚持结合当前课程改革要求，不断学习、充电，补充新知识，努力提高自己的教育教学理论水平和实践能力。

其次，教育事业的内核是关爱学生。关爱学生，就必须对每一位学生都一视同仁。冰心曾说过："爱在右，同情在左，走在生命路的两旁，随时撒种，随时开花。"这种爱是教育的桥梁，是教育的推动力。学生具有个体差异性，面对不同个性的学生，我们要有耐心去引导、尊重、理解他们的想法，这不仅仅体现在学习中，更体现在日常的生活中。我们要从细小的事情中去发现学生的情绪和问题，及时地解决问题，做到真诚相待，热情鼓励，耐心帮助，让他们在愉快的情感体验中接受教育。在实习过程中，我看见学生们在班会课上纷纷吐槽某某同学的某个坏习惯，我看见学生虽然输了篮球赛但大家都很自豪地跟班主任说我们打得超棒，我看见学生哭着找老师抱怨数学太难、期中考试压力太大……是他们让我感受到了7班真的如一个大家庭一般，师生皆是亲人。这是我在初入教师行业时所体会到的温暖，我相信在往后的日子里它会一直陪伴我。

最后，教育工作的使命是为人师表。为人师表，坚持严于律己，增强自身的自控能力，做好榜样示范作用。身为教师要端正自身的教学态度，注意言行举止，真正做到潜移默化地影响学生，培养良好的自身素养，对自己有高标准、严要求，率先垂范，净化学生的心灵。在实习过程中，我切实感受到自身的数学素养还不够高，很多内容没有真正理解到位，在今后，我仍需要不断学习数学知识，不断挖掘其背后的内涵。

师德不是简单的说教，而是一种精神体现。师德需要培养，需要教育，更需要的是每位教师的自我修养。我们要从思想上严格要求自己，在行动上提高自己的工作责任心，树立一切为学生服务的思想，时时自我反省，处处修身，成为学生学习和模仿的楷模。（温州大学2020级应数陈×）

第二节　教学实习

教学工作是教育实习最主要的任务，包括教学设计、教学模拟、教学实施、教学评价等教学环节。师范生应熟悉教学的全过程，熟悉新授课、复习课、练习课及讲评课等各种课型,掌握教学的重要环节,学习先进的教学方法,培养从事教学工作的能力。

教育实习教学工作手册

一、课前备课试讲

备课是上课的前提,是决定教学质量的关键。备课主要备"两头",一头是"理解课标和教材",另一头是"掌握学生情况"。前者是备课的依据,后者则使备课做到有的放矢。本节主要谈谈备课中"备教材、备习题、备学生、编写教案和试讲"这五个环节。

(一)备教材

教材是教师教学的依据,教师必须对教材反复钻研、反复推敲。备教材过程主要包括钻研课程标准、熟悉教材内容和阅读参考书三个方面。

1. 钻研课程标准

课程标准是根据国家的教育方针和培养目标制定的,是指导教学的纲领性文件。我国现行的课程标准是由教育部制定颁布的《义务教育数学课程标准(2022年版)》和《普通高中数学课程标准(2017年版 2020年修订)》,这两部课程标准都分别对数学课程的性质、目标、内容、教学、评价以及教材的编写等方面做出了明确的规定。通过钻研标准,了解全学期的教学内容、教学目标、时间安排以及前后的教材衔接,从而掌握教材的结构体系。

2. 熟悉教材内容

课堂教学质量很大程度上取决于教师对教材深度和广度的钻研。通读教材通常应有"粗读""细读""精读"三个过程。由粗到细再到精是指钻研教材的深度和广度。也就是说,对教材的钻研,在整个备课过程中至少要进行三次:第一次是开学前对整个教材的通读;第二次是对单元教材的通读,这时应细读;第三次是精读一节或一堂课的教材,应钻研得更加深入。从要求上讲,粗读教材主要是通览全学期教材,目的是了解本学期教材与前后学期教材之间的联系,把握教材内容的体系。而细读、精读教材,则要求细致深入地钻研教材,把教材弄通、弄懂。即对教材中的定义、公理、定理、公式与法则要逐字逐句逐步地推敲,抓住揭示其本质属性的关键字句,搞清其间的逻辑结构,把握教材的科学性;明确科目章节之间的衔接关系,搞清知识的因果关系,把握教材的系统性;揣摩每个例题的作用,搞清概念的引入、知识的应用与实际问题的关系,把握教材的实践性;探讨与挖掘教材的教育因素,把握教材的思想性;分清知识的本末主次,估计知识的难易程度,把握教材的可接受性。

熟悉教材内容后,就要拟定课时的教学重点和难点。教学重点指的是那些贯穿全局、带动全面、应用广泛,对学生认知结构起核心作用,并在进一步学习中起到基础作用和纽带作用的内容。它由在教材的知识结构中所处的地位和作用来确定,通常教材中的定义、定理、公式、法则是教学的重点,数学的思想方法,基本技能的训练要求,定理、公式的推导的思维过程等也是教学的重点。教师确定和突出教学重点的能力,表现在能纵观大局,分清内容的主次,能变换各种角度,采用多种方式帮助学生提高对重点内容的理解,利用重点内容带动一般内容。教学中的难点是学生学习成绩的分化点,这往往是由于学生的认识能力、接受水平与新知识的抽象难学造成的。一般地,知识过于抽象,知识的内在结构过于复杂,概念的本质属性比较隐蔽,知识由旧到新要求用新的观点和方法去研究,以及各种逆运算都是产生难点的因素。分析教学难点是一个相当复杂的工作,实习生要根据教材内容和学生学习心理障碍等方面进行考虑和综合分析。

3. 阅读参考书

教学参考书是教材的补充和说明,它对整个教材进行了分析,列举了每章的教学目的、重点、难点、关键及教学时间的分配,为备教材提供了重要依据。在使用教学参考书时,要认真阅读和研究相应课本的教学参考书,吸取好的教学经验,提高自己的教学水平。同时,又要注意不能盲目地照搬教学资料,漫无边际地"旁征博引",特别是一些现成的教案和课件,不能机械地照搬进行教学。

在备教材中,实习生应注意克服以下两种倾向:一是重视教材,忽视课程标准。二是重视资料,忽视教材。有的实习生嫌教材的内容浅、知识少,担心上课的内容不够,尽量选取其他资料的内容进行补充,从而冲淡课标要求与基础训练,超越了中学生的接受能力。

(二)备习题

练习是数学教学的有机组成部分,对于学生掌握基础知识、基本技能和发展能力必不可少,是学好数学的必要条件。选题可从练习的目的、内容、形式、分量以及学生的接受能力等多方面去考虑,才能使学生练得适当,练得有效果。

为了使选题达到上述要求,实习生在备教材时要先将教材中全部习题演算一遍。演算不能只停留在"会解"的水平上,而要细心研究每一道习题的目的、作用和要求,探讨每一道习题的背景、解法和变式。在研究习题时重点解决以下几个问题:

(1)明确习题的目的要求。一般教材上的习题有三种类型,一种是安排在各个小节后的练习,它们是围绕新课内容用以说明新概念的实质和直接运用新知识进行解答的基本题目,目的是让学生切实理解与掌握数学基础知识,初步获得运用这些知识的基本技能,主要供课堂练习用;第二种是各节后的习题,主要供课外作业用,目的在于使学生巩固所学知识,掌握解题方法并形成一定的技能技巧;第三种是每章末的复习题,这类题目的目的在于使学生进一步巩固、深化、灵活运用所学的本章知识,提高解题能力。

(2)研究习题的解答方式。根据教学要求和题目的特点,以及学生的接受能力和智力发展水平等具体情况,安排好口答、板演、复习提问、书面作业、思考等方式进行练习。

(3)把握习题的分量。一般来说,应根据上课时间与作业时间之比(1:1)和教师与学生解题速度之比(1∶4～1∶3)等来确定习题量。但是,由于学生程度参差不齐,所以布置练习也要注意因材施教。除有统一要求的基本习题外,还要有一些要求较高的选做题或思考题,以满足学习较好学生的需要。

此外,教师还要善于根据教材和学生的需要自编、改编或选编一些补充题目,特别是自编一些过渡题、引申题、联系题和综合题,以便学生更好地理解内容、掌握方法和灵活应用。

(三)备学生

对于学生的学习情况,可以从以下几个方面来了解:在学习该内容前学生要具备怎样的基础知识与基本技能,其中哪些内容学生尚未掌握;在学习过程中,哪些地方学生容易出现心理障碍;学生对数学的感兴趣程度,学习的积极性、思维特点、接受能力和兴趣爱好等。

实习生可以通过以下几种方式了解学生:一是通过班主任提供学籍簿、成绩单、干部名单、优秀生的特长和个别后进生的特点和数学指导师的介绍,间接了解教学班的班风、学风,使实习生对教学班有一个宏观的了解,以便有计划有组织地进入班级接触学生。二是通过与学生接触、广泛交谈,了解学生的心理特征和学习情况。三是通过观摩指导教师的教学,了解教学过程中师生双边活动是如何进行的,在学习指导教师的教学风格、经验和方法的同时,了解课堂上学生主动性发挥的情况及思维品质。并观察在教学设计中是否注意到开发学生的智力、培养学生的创造能力,课堂上教师是如何处理偶然事件,等等。通过综合分析,实习生在设计课堂结构和选择教学方法时应注意教学风格的衔接,以避免学生因不适应实习生的教法而使教学效果降低的负面影响。四是通过批改作业了解学生对基本知识、技能和思想方法的掌握情况。实习生进入实习学校后,一般首先是通过批改作业来了解学生的。学生的作业反映了学生的学习态度,同时也反映了其对所学知识、技能、技巧的掌握运用情况和课堂教学效果。对实习生来说,要抓住这个机会接触学生,在认真批改作业后,对有好解法的学生进行鼓励,对学习有困难的学生要热情帮助,逐步深入了解学生。

在备学生中,要特别注意分析学生的思维发展水平。初中生的思维水平处于从具体的形象思维向抽象思维的过渡阶段,在这个阶段,学生的思维往往与感性经验直接联系,属于经验型的抽象思维,因此在数学教学设计时,要考虑学生的思维发展水平,使设计的教学活动与学生的思维水平相适应。高中生形式运演思维已占优势地位,但仍然处于发展之中。例如,对于初学"函数单调性",高一学生的认知困难主要在两个方面:(1)要求用准确的数学符号语言去刻画图象的上升与下降,这种由形到数的翻译,从直观到抽象的转变对高一的学生是比较困难的;(2)单调性的证明是学生在函数内容中首次接触到的代数论证内容,而学生在代数方面的推理论证能力是比较薄弱的。这是本节课难点确定的依据。

总之,实习生在备课时,要根据教学内容和教学目标,设计有利于引导学生思考探索的问题,精选例题、练习题和作业题。备课中要把握好教学起点,设计绝大多数学生熟悉的事例和能理解的问题引入新课;精选绝大多数学生能理解和解答的问题作为例题和练习的基础题,对多数学生理解有困难的问题,进行适当的问题细化和分解等设计。同时,倡导集体备课。实习备课组应积极开展集体备课,通过主讲人讲课、集体讨论修改、个人根据班级实际情况对教案进行微调等步骤开展备课,实现教学资源共享。

(四)编写教案

教案也称教学设计。编写教案是备课信息经过思维加工后输出的过程。教案是教师备课后形成的书面成果,也是教师实施课堂教学的依据。编写教案的过程需要教师的创造性劳动,一份优秀的数学教案是设计者的数学教育思想、数学基本素质、智慧、经验、动机、个性以及教学艺术的集中体现。

1.教案的基本内容

通常,一个完整的教案应包括如下内容。

(1)概述。包括授课的时间、班级、科目、课题(含课题的章、节和页码,以便查找)、教学目标、教学重点、课程类型、教学方法以及教学手段等。

(2)正文。即教学过程。主要包括一节课教学内容的详细安排,教学方法的具体应用,教学时间的分配,教学的导入、展开、结束,各个环节的安排与过渡,以及例题、练习、作业的配置等。

(3)板书设计。要求符合板书规范基本要求,如书写整洁、美观;形式新颖、多样;条理清晰,层次分明;重点突出,内容精当;计划周密,布局合理,等等。

(4)教学反思。可以是教学中的"偶得",也可以是对教学不足的反思,或者是其他人对教学的建议、意见以及评价,等等。

2.教案的基本要求

第一,目的性。一份好的教案,其教学目标明确,教学重点突出,教学过程的设计、教学方法和手段的选择都要服务于教学目标的达成。

第二,科学性。教案必须做到从思想观点到知识内容都准确无误,合乎科学。包括对概念的阐述、观点的论说、例证的列举、公式的运用、定理的推理、符号的使用和语言的表达都不能有错误。另外,教学方法的选择、教材的组织、程序的安排等方面要符合不同年龄不同学生的认知规律,教学内容要恰当,难度要适中,即要遵循由浅入深、由易到难、由具体到抽象、从感性到理性的循序渐进的原则。

第三,计划性。教案是教师课堂教学的一个计划,一份好的教案必须对教学内容的处理、教学过程的安排、教学时间的分配、例题练习与作业的配置、现代化教学手段的配合、板书的设计等都有合理的安排,做到层次分明,条理清晰。各个教学环节所需时间要科学分配,环节之间要衔接紧凑,过渡自然,使教案具有可操作性。

第四,规范性。教案要求语言通顺、条理清楚、文字工整、图表清晰。

教学设计格式可参考表4-2-1。

表 4-2-1　温州大学教育实习教学设计

_____学院_____班　　　　　　　　实习生_____班

实习学校		班级		试教科目	
课题				试教时间	
课的类型		教学方法			
教学目标					
教学重点 教学难点					
教学 过程	(可另外添页)				
教学 反思					

实习学校指导教师(签名)：　　　　　　　　高校指导教师(签名)：

【案例 4-2-1】　新授课教学设计：5.2.1 三角函数的概念

见表 4-2-2。

表 4-2-2　三角函数的概念教学设计

实习学校	××	班级	高一(××)	试教科目	数学
课题	5.2.1 三角函数的概念			试教时间	××
课的类型	新授课	教学方法		启发探究	
教学目标	(1)引入单位圆定义三角函数,体验单位圆对研究三角函数起到"脚手架"的作用。 (2)根据三角函数的定义,给定一个任意角,会用定义求三角函数值。 (3)通过例题辨析概念,贯通"单位圆定义"与"坐标比定义",感受数形结合、类比、运动、变化、对应等数学思想方法。				
教学重点 教学难点	教学重点:正弦、余弦与正切函数概念的理解与应用。 教学难点:三角函数概念的理解。 理由:正弦、余弦、正切函数的概念是本节甚至是本章的基本概念,也是学习与三角函数有关内容的基础,是本节课的重点。学生之前所学的函数如多项式函数、指数函数、对数函数等,都是用代数运算来确定对应关系的,由于三角函数是角与有向线段的几何量之间的直接对应,这种定义方式对学生而言是陌生的。另外,初中阶段锐角三角函数的学习对理解三角函数概念会产生一定思维定式的影响,所以是一个难点。				
教学过程	(可另外添页)教学的详细过程参看下页二维码 环节一:创设情境,提出问题 环节二:抽象概念,内涵辨析 环节三:初步应用,巩固理解 环节四:小结提升,形成结构 环节五:目标检测,检验效果 环节六:布置作业,应用迁移				
教学反思					

新授课教学设计案例：三角函数的概念(高中)

(五)试讲

上课是教师综合素质的一种体现,其中包括数学功底、语言表达、板书设计、临场发挥、应变能力和组织能力等,好的教案还有待于教师在课堂上的出色表演。为了使好的教案能在课堂上发挥得淋漓尽致,同时为了保证教学质量,实习生课前试讲非常重要,它能够帮助实习生熟悉教案,了解上课的基本环节、教学过程的展开,检验教学设计的可行性;检查语言表达和板书(绘图、制表);锻炼胆量、端正教态。同时,通过试讲避免失误,如所运用的教学方法陈旧、教学语言不规范、多媒体课件"花哨"、板书板画技能差、教学行为不规范、教态不自然等。历届实习生的经验告诉我们,只有在课前经过多次、反复试讲,方能取得一堂课的成功。

1. 试讲的技巧

试讲要讲究技巧。应注意以下几点:

慢点:一紧张,说话太快,听者不易听懂。要时刻提醒自己说清楚,讲慢点,宁愿时间不够没讲完也别快。

目光:自信,眼睛要看着听课的人,把他们想象成学生。

熟悉:选一个你熟悉的课题来讲,在有限的时间里把它讲清楚。熟悉能够缓解紧张,做到可以脱稿,少照本宣科。

专注:把注意力集中在要讲的内容上,全身投入。

互动:适当和听者互动,注意提问等教学基本技能的运用。

条理:注意各个教学环节之间的逻辑与衔接。

变化:不要背对观众,注意节奏、语速、语调等的变化。

2. 试讲的组织

试讲要坚持"自练互帮为主,教师指导为辅"的原则,由易到难,由局部到整体,按照先自己独立试讲,然后在指导教师和实习小组内试讲。

自己独立试讲可以不必按照上课的实际步骤,时间灵活,地点机动,一切自由。既可以试一节课的整个过程,也可以试一节课的某个环节或某几个环节,如导入新课、例题讲解、巩固练习、课堂小结等。

试讲的内容就如同正式上课,从起立到布置作业,全面模拟一堂课的实际教学效果。每听完实习生的一节试讲,都要对试讲情况如科学性、语速、教态、板书、时间把握等方面进行讨论,提出建议,对试讲中呈现出的好的教学方法、独特的教材处理等成功之处要鼓励以增强自信心,同时对暴露出的问题、有待改进之处要如实、诚恳地提出。然后,实习生根据试讲修改教案,合理地选择教法和运用现代化教学手段。修改完的教案再征求指导教师的意见,直到指导教师认可才能上讲台上课。

实习生第一次正式上课前必须至少进行一次完整的模拟试讲,以后上课除重复课外,都要试讲。试讲次数因人而异,目的是能在上课时做到心中有数,达到预期的教学效果。

二、课堂教学实施

课堂教学是学校教育的中心环节,是教师向学生传授知识的主要形式。课堂教学实习是实践性最强的教育过程。

实习生课堂实录视频案例:常量与变量(初中)

(一)课堂教学的组织与实施

创设教学情境,激发学生思维。可以从新旧知识的联系出发呈现数学问题,引导学生回忆旧知,探索新知;也可以从实际出发,呈现学生熟悉的、简明的、有利于引向数学实质的问题,引导学生积极思考、探索;还可以通过讲数学故事、设置问题悬念、多媒体动态演示、学生动手操作等手段,生动、直观、形象地呈现问题,引发学生的学习兴趣、认知冲突和探究的欲望。

选择合适的教学方法,引导学生探究。对数学概念、公理、定理、公式、法则的教学,可以设计数学游戏、数学实验等活动,让学生在活动中体验数学规律,经历数学知识的形成过程;也可以按从具体到抽象、从特殊到一般的原则,设计数学猜想、探究等活动,让学生经历数学公式、法则、定理的探索和发现过程。数学活动后,要引导学生反思,归纳和揭示活动中隐含的数学规律。

及时辨析,加深理解。新知识形成后,引导学生比较新旧知识的联系和区别,建立新的认知结构;要设计知识运用中的易错问题,让学生辨析,加深对新知识的理解。

在例题教学中,让学生参与分析题意、寻求解题思路的过程,体验分析解决问题的方法。例题教学后,引导学生归纳其中用到的知识、解决问题的思路和方法、解题的基本步骤和书写建议,形成正确的解题策略;也可以对例题作适当变式,让学生练习,尝试举一反三。

在课堂练习中,让学生独立尝试分析题意、寻求解决问题的方法,提高分析问题和解决问题的能力,并留适当的时间讨论交流,从中辨析概念、剖析思路,找到思路受阻或产生错误的原因,交流问题解决的方法,同时归纳应用新学知识可以解决的问题,以及解决问题中所用的方法、步骤和要注意的事项。对用多种方法解决的问题,要引导学生分析比较各种方法的优势和特点,从中择优。

在课堂小结中,引导学生归纳、交流本节课所学的知识、技能和数学思想方法,以及探究和解决问题的方法,达到整理知识、提炼方法、感悟思想、积累经验之目的。

在教学过程中,注意观察学生的学习行为,了解学生的学习过程与学习态度,对学生积极主动的学习行为、正确的学习方法和取得的点滴进步要及时表扬激励,促进学生良好学习习惯的养成。

在课堂教学中,可以运用口头问答、课内练习、书面测验、活动报告等,了解学生基础知识与基本技能的掌握情况、数学思考和解决问题的能力,及时肯定学生所取得的成绩,激励学生进一步发展。

在学生回答问题时,不论结果正确与否,要让学生阐述思考过程,从而有针对性地引导学生讨论;当学生回答问题有错或解答不完整时,鼓励学生自己反思解答过程,其他学生评价补充,教师引导激励提高。

(二)数学基本课型

根据数学课的教学目的和任务,可将数学课分为新授课、习题课、复习课、讲评课等。

1.新授课

新授课的主要任务是组织引导学生学习新知识,在传授基础知识的过程中促进学生思维的发展,培养学生的能力。

在新授课教学中,基于学生的生活经验和知识储备,创设合理的问题情境,通过观察、操作、猜想、推理、交流等活动,使学生亲历数学知识的形成过程,教师进行必要的点拨,引导学生自主构建新知。设置具有探究价值和思维含量的问题,引导学生经历问题的剖析过程,鼓励解决问题策略的多样化,引导学生在学习过程中形成一定的解题思路,规范书写格式。

新授课的过程设计一般有以下五个环节:引入新课、探索新知、例题学习、练习巩固及归纳小结。

新授课教学案例:数轴(初中)

2.习题课

习题课是教师在某一个阶段的教学基础上根据知识系统要求和学生学习的实际,通过例题讲解对所学知识进行巩固、提高,或者是在教师指导下,由学生在课堂上独立完成作业的课型。习题课的主要任务是巩固、运用所学知识,形成解题技能、技巧,发展思维,培养学生数学解题能力。

习题课的过程设计一般有以下四个环节:变式练习、运用示例、归纳提炼、课内检测或针对性练习。

习题课教学案例：基于问题驱动的分割等腰三角形

3. 复习课

复习课的主要任务是在教师的指导下，通过归纳、整理，学生对所学知识加深理解和记忆，并使之系统化，同时达到查漏补缺、解决疑难的目的。

在复习课教学中，要引导学生对本阶段所学知识进行梳理、归纳、总结，使学生进一步理解教材内容，构建知识网络，使知识系统化、条理化。针对本阶段的重、难点以及学生学习中的薄弱环节，设置有针对性、典型性、探究性和综合性的问题，激发学生思考，提高学生运用知识解决问题的能力。问题可通过题组的形式呈现，提倡以一题串一线、联一面。鼓励一题多解并优化解法，在问题解决过程中渗透数学思想方法，引导学生自主建构解决问题的策略，发展学生的思维能力。

复习课的过程设计一般有以下四个环节：知识梳理、例题剖析、变式练习、归纳小结。

复习课教学设计案例：平行线专题复习（初中） 　　二次函数的应用复习

4. 讲评课

讲评课的主要任务是指对某一次考试试题进行分析讲评。其目的在于利用试卷所提供的信息反馈，解决学生在解题过程中暴露的问题，纠正错误，介绍优秀解题方法，帮助学生深化对知识的理解，积累解题经验，调整学习方法，提高解题能力。

讲评课的过程设计一般有以下四个环节：情况介绍、纠错订正、典型题讲评、归纳总结。

(三)实习生课堂教学的常见问题

1. 语速过快

实习生初上讲台，由于各种原因，讲课语速一般过快。过快的语速，或使学生听不清讲授的内容，或使学生产生厌恶情绪，或没有留给学生思考空间，影响教学效果。有关研究表明，初中授课以每分钟 $150\sim170$ 字的语速为宜，高中授课以每分钟 $180\sim200$ 字的语速为宜。当然，语速应随着讲授的内容、要求的不同而不同。在讲概念、定理、公式时，应有板有眼、放慢语速，以便使学生领悟其条件与结论。在提问、做小结时应有条有理、放慢语速，使学生有思考、作记录的时间。在讲授难点、重点时，应有根有据、放慢语速，以便于学生理解和掌握。

纠正语速过快的办法是：①课前做好分段反复预讲。如讲概念、定理、公式时，要力求做到抑扬顿挫，掌握好时间。②放开音量，控制讲话节奏，不要含糊扭捏。③讲课中，随时注意自我心理提示，"讲得慢一些"，每个字、每个词、每句话都要清楚、流畅。

2. 板书不整洁

板书不整洁，或字迹潦草，或斜歪扭曲，或杂乱无章。纠正的办法是：①课前认真设计板书方案，定好要板书的内容和分量，组织好板书的文字，使板书真正起到画龙点睛、提纲挈领的作用。②要考虑板书的合理布局。一般来说，应将黑板分为三部分，把整堂课都需留下不用擦去的知识点等内容放在左边，例题板演等内容放在中间，右边一般作为副板书。板书字体正确、规范、端正。③课前在黑板上进行板书的演练，检查板书布局及书写规范。也可以用一张 A4 白纸代替黑板，进行板书设计。

3. 不良动作习惯

实习生在上课中或多或少地存在着一些不良习惯。如眼睛老望教室外面，或盯地面；下意识频繁地摆弄教具或粉笔；频频擦已干净的黑板；在讲台频繁地来回走动；手老是撑在讲台上；较长时间埋头看教案等。纠正的方法是：①要认清教师的多余动作会产生许多负面效应，如影响教师在学生心中的形象、分散学生的注意力，使学生产生厌倦、消极的心态等，从而直接影响教学效果。②注意教态，讲课时要精神饱满、亲切、自然、大方。③关照全体学生，动静相宜、得体。④发挥以手势助说话的作用。

4. 照本宣科

有些实习生上课时会照本宣科，照念照背讲稿。克服的办法有：①认真钻研教材，吃透教材，把教材的内容内化为自己的知识。理清脉络，把握纲目，这样才能在讲课时脱离讲稿，挥洒自如。②置身于学生的处境，用学生的眼光来看教材，从学生的实际情况出发，设计好突出重点的方案，想好解决难点的几套方法、关键问题的从容应对，做到心中有数，才不会受讲稿所束缚。③选择恰当的教学方法，把学生的思路引入教材的思路，启发、引导学生积极动脑筋想问题，使教与学同步进行。

5. 提前把内容讲完

实习生上课，经常碰到未到下课时间就把内容讲完了这种情况，有些甚至空出了好多时间。对于这种情况，在课堂中可采取以下一些措施：①让学生看书，同时教师提出一些问题，让学生思考解答；②师生共同做小结，或让学生自己小结，指出本节课的主要内容，巩固新课；③布置作业，要求学生当堂完成；④布置预习下一节课的内容。另外，课前准备时就要考虑到可能出现时间多的情况的应对，如预留预备例题或习题，准备本课 3～5 分钟容量的课内测试题。

6. 拖堂

下课时间到了，教师还占用学生课外时间继续讲课。克服的办法：①设计教学过程中，预设各环节教学时间，并留有余地。②随时注意教学进程及课时计划的完成情况，如有出入应及时调整。③努力提高自己驾驭课堂的能力,对课堂的偶发事件要妥善处理,保证教学顺利进行。④若离下课时间只有 2~3 分钟,估计内容不能讲完,此时应随机应变,或给学生留下问题,或给学生留下悬念。

(四)数学教学的常见失误

1.重自己教而轻启发诱导

美国心理学教授里德曼说:"人们总有一种强烈的倾向,即总是假设他人与自己是相同的倾向,把自己的特点归属他人身上,即所谓推己及人。"师范生容易受该"投射效应"的影响,造成教与学的心理换位困难,忽视中学生的思维发展水平,仅凭自身的感觉进行教学,教学过程以自我为中心,"我讲你听",陷入"凡是我讲清楚的,学生都能听懂"的思维定式中,偏重于自己的"教",而忽略了启发、诱导和学生的参与。此外,教与学的心理换位困难还表现在缺乏知识和方法形成的探究过程。

【案例 4-2-2】　比例线段教学片段

片段 1:浙教版九年级"4.1 比例线段(1)"课内练习 3:"已知 $ab=cd$,请写出有关 a,b,c,d 成立的比例式。"

实习生 A 先呈现该问题,学生短暂思考之后,马上公布全部 8 条答案,然后由学生验证这些式子对不对。这样,便完全陷入了单纯老师在讲的被动境地。其实,对于该练习的教学,学生思考后,可先让一些学生口答或板演,其他学生补充,再问学生"你如何才能确保把全部比例式写出来?",然后引导学生"这些式子如何分类?",共同探讨出以比例式的第一个字母分类,如第一个字母为 a,则有比例式 $a/c=b/d$ 和 $a/d=c/b$,由此可知共有 8 个比例式。

在此基础上观察这些式子的关系,比如倒数关系、内项或外项交换等,从而找到其他便捷的写法。

片段 2:"4.1 比例线段(1)"课本例 2:已知 $\dfrac{a}{b}=\dfrac{c}{d}$,判断比例式 $\dfrac{a}{b}=\dfrac{a+c}{b+d}$ ① 是否成立,并说明理由。

实习生 B 这样处理:呈现这一问题之后,就告诉学生用设 k 法来证,这样学生很难体会到为什么用这个方法。如果我们引导学生思考,能否利用已知把式子①右边的字母个数少下来,学生自然会想到把 c 用 a,b,d 表示出来,代入即可解决问题。但这种做法运算稍显麻烦,那么能否考虑把分子中的字母用分母中的字母表示出来呢? 于是尝试设 $\dfrac{a}{b}=\dfrac{c}{d}=k$,代入,很快解决了问题。在此基础上举例说明设 k 法在其他问题中的运用,使学生对这种方法有更深的印象。

当然,在获得式子①之前,如果能够用生活中一个学生熟知的模型"两瓶浓度相同的盐水混合在一起浓度不变",启发学生发现式子①这一结论,那么这样的教学会让学生感到更有趣。

要克服教与学心理换位这一困难,实习教师必须明确课堂中教师主导的角色定位,切不可把教学简单地理解为告诉学生。

2. 重面面俱到而轻重点难点

实习生在数学课堂教学中的一个常见的失误,就是未能真正地明确一节课的教学目的、重点、难点。对于重点内容,在教学中一定要多花力气,启发诱导,讲解清楚,使学生真正理解、掌握。

如何在课堂教学的每个组成部分和阶段,都注意突出重点和围绕本课的目标进行教学,实习生对此往往不够明确,因而教学内容面面俱到,详略不分。

【案例 4-2-3】 对数运算性质

"对数运算性质(2)"一节课,其教学重点是:综合运用对数的运算性质计算以及对数换底公式的初步运用,但实习生 C 却把过多的时间花在两个又偏又繁的计算上,即计算:$\log_{\sqrt{2}}(\sqrt{6+4\sqrt{2}}-\sqrt{6-4\sqrt{2}})$ 和 $\lg(\sqrt{3+\sqrt{5}}-\sqrt{3-\sqrt{5}})$,却不知这两个问题类似,选题重复,而且运算的关键是要处理双重根号的计算,基本不涉及对数运算法则的运用,偏离主题,与新课标"淡化复杂计算"的要求不符合。

【案例 4-2-4】 黄金分割的概念

九年级上册"比例线段(3)"的教学重点是"黄金分割的概念、计算与作图",而比例中项这一概念是为黄金分割服务的,介绍即可。

但有些实习生在比例中项概念教学中设计了较多的比例线段计算题,花时偏多,导致黄金分割知识的学习与巩固时间不足。如果课一开始,就在达·芬奇名画《蒙娜丽莎》中通过测量等或其他手段得到比例式 $FA:BF=BF:AB$,教师指出"线段 BF 叫作 FA、AB 的比例中项",并进一步给出比例中项的概念,然后转入例题的求黄金比,这样教学不但解决了学习的动机问题,而且整个教学过程显得紧凑。

如何突破难点?这也是实习生难以处理好的一个课堂教学问题。要突破难点,首先必须分析难点难在何处,制定分解难点的对策与措施。如对有关知识进行复习、以旧引新,对新知识的引入提供丰富的材料背景,增加过渡性的教学铺垫步骤,有目的地有启发诱导,逐步减少原有知识和新知识、原有思维方式和新思维方式之间的差异和距离等,达到突破难点的目的。

【案例 4-2-5】 初中平面几何证明入门教学

初中平面几何证明入门一向被认为是数学教学中的一个难点,是初二学生数学成绩分化的主要原因之一。

初二的平面几何证明入门为什么难?原因要从初中生的数学思维发展特点说起。初中生的逻辑思维虽然正逐步发展,但具体形象思维却仍然起着重要作用。特别是初二学生,更处于具体形象思维向抽象逻辑思维过渡阶段的关键时刻,他们往往需要从具体的事例出发去认识问题,对于完全陌生的、抽象的平面几何逻辑推理证明的思维方式感到难以理解,有时即使了解思路,但不习惯推理的数学语言表达方式,就有言不达意的感觉,从而造成了学习的难点。

　　教师应抓住难点产生的原因,除通过对实物、模型、图形的观察分析,找出本质属性,引导学生形成抽象思维习惯外,在入门初期,还应对具体例题详细讲解、板演示范,让学生填空式地完成证题的某些步骤,强调书写过程中的一些注意点。使学生通过模仿的方式,逐步学会逻辑方法,进行推理和证明,帮助学生渡过几何入门难关。

3. 重表面形式而轻实际需要

　　由于实习生上课大多有指导老师、同组实习生参与观课,为了给观课者留下好印象,部分实习生为造气氛而生搬硬套,以致演示、提问、练习板演盲目随意,画蛇添足。

　　课堂上的提问应是有针对性的。有些实习生向学生提问时,提出的问题远远超出现在学生的思维和知识水平,让学生根本无法回答,或提出的问题太过简单。还有一些盲目随意的提问,如为搞气氛而形式上问“对不对?”“是不是?”“听懂了没有?”,这些都是毫无意义的。有些提问不明确,如在讲授等腰三角形的概念时,出示了一些三角形模型,并提问:“这些三角形有什么不同?”显然,这位实习生是希望学生发现三角形中边不相等和相等的情况,从而引进等腰三角形的概念。但是,也许有的学生会认为三角形模型的颜色不同,有的则说三角形模型的大小不等。由于提问不明确,未能达到预期目的。另外,有些提问太过明白,以致影响了学生的思考。例如,等边三角形的定义(三边都相等的三角形)讲了之后,问“等边三角形的三个角相等吗?”,这样的提问相当于告诉了学生“等边三角形三个角也都相等”这一结论,如果改为“等边三角形三个内角大小有何关系?”则会引发学生去深入思考。

　　在教案、课件与板书关系的处理上,有些实习生在备课时,只关注课件的制作,教案详案潦草对待,甚至备课时不写教案,板书没事先设计好,从而分不清备课的顺序以及哪些是实际需要的。有些实习生用 PPT 上课,课件制作了好多页,上课板书的,要与学生交流的语句、例题的解答过程都制作在课件上了,整版整版地放映。这样,有时要板书的时候,课件却先把这些内容显示在屏幕上,然后实习生把它重新抄在黑板上。当与学生交流到津津有味的时候,突然想到课件屏幕忘了放映了,就跑到电脑前重新放映刚才与学生已交流过的那些话。这种感觉不是教学者控制电脑,是电脑控制了教学者,课堂思路不连贯,难以展现数学的思考过程,无法体现以学生为本的教学理念。

4. 重常规设计而轻预见

　　偏重于常规的教学设计和准备,忽略了“突发事件的应变”和教学的“预见性”,这也是实习生课堂教学中的常见问题。例如,在教学九年级“4.1 比例线段(1)”这节课,学生首次遇到“⇒”,但在学生作业时,出现了“＝”写成“⇒”的情形,个别实习生居然视而不见,这其实是课前对学生这两个写法相近的数学符号可能混淆的现象没有预估到,导致学生出现这种科学性错误。

　　实习生对课堂突然发生的意外束手无策,这主要是课前准备不足,对课堂教学中可能出现的情况考虑不周,欠缺教学上的“预见性”,处理问题不够冷静而引起的。所以,实习生在备课时,不仅要备常规的教学环节,还应对课堂上可能出现的各种情况做出充分估计,制定应变措施。

三、中学数学课堂教学的基本技巧

数学课堂教学是师生互动的思维活动过程,课堂教学要讲究基本的教学技巧,这是顺利完成教学任务的先决条件,教学基本技巧的水平直接影响着教学活动的效率与质量。对于新教师来说,如何吸引学生,如何启发学生,如何与学生交流,怎样运用"启发性提示语"促进学生参与数学教学活动,这些都是非常基本的课堂教学技巧。

(一)如何吸引学生

如何吸引学生,变"要我学习数学"为"我要学习数学",是数学新教师面临的艰巨任务。吸引学生的主要方式归纳起来有这样几个关键词:联系、挑战、变化和魅力。所谓联系是指教学设计要联系学生的客观现实和数学现实,与其已有的生活经验和知识结构有联系。挑战自然是指教学任务对学生具有挑战性,让学生感到学习充实,收获大。变化是教师在学生注意力涣散或情绪低落时,改变教学的形式、讲授的语速语调等,重新将学生的注意力拉回到教学上来的手段,比如,上课采用多种教学模式,如猜想、观察、听讲、思考、操作、自学、讨论、演算、小组竞赛,等等。教师还可通过增加自身的魅力,如精彩幽默的语言、挥洒自如的教态、简练漂亮的板书板画、得体的仪表、亲切的话语、热情的鼓励、信任的目光、敏捷的思维、娴熟的解题技巧等,达到吸引学生的目的。

【案例 4-2-6】 二次根式的基本公式 $\sqrt{a^2}=|a|$ 教学片段

师:我们为求一个实数的平方的算术平方根制定一个"绝对值保护法",即 $\sqrt{a^2}=|a|$,此法规定:要化简 $\sqrt{a^2}$,必须按以下两条要求办理。

1. 先让 a 从"屋子"(根号 $\sqrt{}$)里走到"院子"(绝对值 $||$)里;

2. 至于如何走出"院子",就取决于 a 的"体质"(非负或负):(1)"体质健壮"($a \geq 0$)的直接出去,即 $\sqrt{a^2}=|a|=a(a \geq 0)$;(2)"体质虚弱"($a < 0$)的要"防止感冒",出去时必须系上"一条围巾"(负号"—"),即 $\sqrt{a^2}=|a|=-a(a < 0)$。

(这时学生哄堂大笑,并在笑声后交流获得的启迪,教师借此板书练习题,对公式的运用再启发、引申)。

评:本案例力图创设一个幽默的教学情境,把枯燥且难于理解的数学公式包上"糖衣"使之变得甜甜的,让学生在品尝甜美中受到启迪,让学生在愉快和兴趣盎然的心境中增强学习效果,达到了"创造一种学生容易接受的气氛"的佳境,使学生在对所学内容产生浓厚兴趣的情况下,注意力更为集中,更容易接受新知。

(二)如何启发学生

孔子主张"不愤不启,不悱不发","愤"是经过积极思考,想弄明白而没有弄通的抑郁的心理状态,孔子认为在这样的条件下教师才去引导学生把问题弄通,即去"启";"悱"是经过思考,想要表达而又表达不出来的困难境地,孔子建议在这样的条件下教师才去指导学生把想法表达出来,即去"发"。所以,学生积极思考探索但又遇到困难是教师进行启发的前提条件。

如何启发学生?启发学生数学学习的关键有以下几个词:定向、架桥、置疑、揭晓。首先教师要明确希望学生解决什么问题。其次,教师要考虑:希望学生解决的问题与学生的现实之间有多大距离,应该设计哪些问题或进行哪些活动来架桥铺路化解困难。这需要教师在课堂教学中设置好启发性提示语。启发性提示语是指教师在教学中用于启发学生思维的教学语言,可调动学生思维的积极性,激发其求知欲。根据维果茨基的"最近发展区"理论,启发性提示语引导下的课堂教学可以促进课堂生长、学生发展。

启发性提示语有四大基本特征:

①启发性。通过提示语引发认知冲突,从而引起学生的探究兴趣,形成有意义学习的动力,驱使思维活动得以发生、发展,以此进行深层思维。

②过程性。通过启发性提示语的运用,让学生经历必要的知识发生、发展过程,体验提出问题和寻找解决方法的思考过程,提高数学思维活动的有效性。

③层次性。由于不同学生的知识基础和认知发展水平存在一定的差异性,因此启发性提示语既有离教学目标远近的层次性、问题难易程度的层次性,又有认知水平的层次性。

④暗示性。教师用于启发学生思维活动的提示语一般较含蓄,意思常常不是直言道明,而是委婉地暗示,使学生思而得之,思之愈深,知之愈明。

例如,发现函数是一种集合之间对应关系后,探究函数本质特征的启发性提示语:这些集合是什么集合?(停顿)看看集合中都是什么元素?(停顿)集合中的元素有什么特点?(停顿)都是实数吧?两个集合的对应有什么要求?(停顿)可以随便对应吗?(停顿)不能随便对应的话那有什么要求?

在课堂教学中的启发引导,主要是教师通过适当的引导语,给学生以必要的提示与暗示,学生通过自己的思维活动获得提示与暗示。运用启发性提示语对不同层次学生进行引导,要注意提示语的指向以及离目标远近的适切性。一般来说,提示语指向性不能太明确,太明确了学生自己无须思考,思维挑战性太低,但若提示语离目标太远,指向性可能会非常隐蔽,从而超出学生的思维能力范畴。因此,在使用启发性提示语时,要由远及近进行暗示与提问,把离目标远的逐步过渡到离目标近的提问。启发性提示语还应该从学生的认知水平出发进行动态调整,灵活选择相应层级的提示语,并根据课堂教学实际一步步生成一些提示语,使每一次提示都尽可能地启发一部分学生,经过具有层级的提示语链的启发,使每个学生在适当的启发下都有不同层次的探索活动。另外,从提问的学生回答方面来看,教师尽量只问不答,若需回答,先弱后强,避免知道者告诉不知道者,并且鼓励学生独立思考,使不同层次学生获得不同的启发,每位学生获得发展,最终实现"学生学会用启发性提示语来引导自己"。

总之,教师要借助启发性提示语给学生必要的提示或暗示,让学生通过自己的思维活动获得提示或暗示,从而使数学思维得以发生、发展,数学知识和能力得以生长。教师运用启发性提示语的最终目的在于使学生在启发性提示语的引导下,逐步学会提炼适合自身认知风格的提示语,并运用这些提示语进行自我提问,以便当教师淡出时,学生能够问自己有关自我调节和自我监控的问题,从而学会自我启发和自我提问,不断开发学会学习的潜能。

【案例4-2-7】 "用二分法求方程的近似解"的启发性提示语

问题1:你会求哪些类型方程的解?(教师直接以解方程的形式切入主题,多媒体展示中外历史上方程求解的数学史资料,激发学生学习兴趣。)

问题2:复习上节课内容——函数零点的概念、函数零点附近两侧的函数值异号的特性,为本节课求方程的近似解提供依据,是本节课的生长点。

问题3:如何求方程的近似解? 学生举例,师生探究:求方程解的问题就转化为求函数的零点问题;如何求函数的零点? 由前面的复习知函数的零点一定在函数值异号的两个自变量之间,再根据精确度的要求,逐步缩小区间。

问题4:探究怎样"缩小区间"。这是充分发挥学生想象力的最佳时机,让学生充分讨论。实际上可以用"二分法""三分法""四分法""0.6分法"等,让学生比较后得到用"二分法"相对简捷一点;思想方法简单,所需的数学知识较少,算法流程简洁,收敛速度比较快。在此基础上介绍二分法的算法流程,并举例说明二分法在求具体方程的近似解中的运用。

(三)如何与学生交流

教师在数学课堂教学情境中与学生交流是师生之间的教学信息传递与反馈的行为过程,良好的师生交流能建立并保持高度互动的课堂气氛,以师生之间、学生之间的教学对话为主要形式,有效地吸引学生的注意力,启迪学生的思维,提供学生参与教学、相互交流的机会,及时得到教学反馈。

教学对话不仅是教师的提问与学生的问答,它还包含语言交流对话和非语言交流对话,在语言交流对话中除了传统课堂上常常采用的"教师提问—学生回答"的形式外,还包括学生的发问。教师怎样鼓励学生发问也很值得教师关注。为此,教师首先要经常鼓励发问的学生,还要教给学生发现问题的方法,比如,认真观察式子、图形或数据,从中发现某些规律,产生某些猜想,或者尝试将已有的问题、结论推广到另一种类似的情境,提出某些猜想。这些训练对学生创造性思维的培养是非常重要的。另外,师生板演是数学课堂教学对话中书面语言常用的形式,教师的板演除了合理布局外,板演内容要高度概括精练。对学生的板演,不能只看答案的正确与否,也要注意观察学生的数学书面语言表达是否准确,这也是数学教学的重要方面。

【案例4-2-8】 "抛物线的概念"的导入对话教学片段

师:前几节课我们学习了椭圆、双曲线的概念,同学们还记得这两种曲线的定义吗?(学生很快回答了这两种曲线的第一定义。)

师:能把这两种曲线的定义统一起来吗?

生:平面内的点与一个定点的距离和一条定直线的距离的比是常数e,当$0<e<1$时点的轨迹为椭圆,当$e>1$时点的轨迹是双曲线。

师：那么 e 还有其他的取值吗？（学生说出 $e=1$。）

师：那么当 $e=1$ 时又会是什么轨迹呢？（学生议论纷纷。）今天我们就来学习当 $e=1$ 时的轨迹——抛物线。

（接下来，教师运用教具进行演示，得出轨迹图形后，运用以前学过的求轨迹的方法，得出抛物线的方程。）

点评：通过师生的互动对话，教师较快地聚集了学生的注意力，让学生在主动参与的教学环境下学习，激发了学生的学习兴趣。

非语言交流对话包括课堂倾听、面部语、体态语以及服饰语等。课堂倾听由注意、理解和评价三个部分组成。第一是注意学生在对话中说出的信息是否适当、正确，包括强度及传递的时间和情境等；第二是对接收的信息进行心智加工的理解，包括理解说话人呈现的思想、说话人的动机等；第三是对信息进行权衡评价，归纳说话人的主题思想、获知省略的内容、思考怎样完善信息等。面部语的目光对话交流很有技巧，有经验的教师常常通过与学生目光的直接接触来交流鼓励与期待、询问与理解、赞同与反对等信息。体态语与服饰语主要应注意符合教学的情境和自己的风格。

(四)如何设置提问

课堂提问设置要注意以下几点：

(1)提问要含蓄，不能太直白。由于简单的问题不具有多少思考性，因此，在课堂提问中所占的比例应很小，尤其是在程度较高的班级和学习内容有相当难度的课上。大部分的课堂提问对学生要有一定的挑战性，能够引导学生积极思考甚至展开热烈的讨论和争辩，还可以将学生的典型错误设计成辨析题，这些欲擒故纵的手法往往有利于加深学生对知识的理解。

(2)停顿是提问的一个重要技巧。所提的问题要面向全体学生，发问后教师要适当停顿以给学生思考时间，理想的待答时间介于 $3\sim5$ 秒。

(3)对学生的回答要认真倾听，予以中肯而明确的评价，肯定合理的成分，指出还需改进的地方。如果学生不能或是不肯配合回答问题，教师必须尽快弄清原因，是问题的难度不合适，题意表达不清楚，思考的时间不够，学生对问题没兴趣，师生之间的沟通渠道不通畅，还是班级的学习风气有问题？以便找出相应对策，完善课堂提问。

从培养学生思维能力的角度，提问设计有以下几个策略。

1. 引趣式提问

设计引趣式提问，启迪学生的思维。在导入新课时为了激发学生的学习兴趣，集中学生的注意力，一般用引趣式提问。例如，在学习等腰三角形的判定定理时，提出这样一个问题：$\triangle ABC$ 原是一个等腰三角形，$AB=AC$，不小心被墨水涂抹了一部分，只留下底边和腰 AB 的一段。请思考用什么办法可以画出原来的三角形？为什么？

【案例 4-2-9】 "圆的特性"教学

师：车轮为什么要做成圆的？

生：能滚动。

师：(画出正方形和长方形)看来大家说的是对的,不做成这里画出的形状,就是因为它们不能滚动。那么,为什么不做成这种可以滚动的形状呢?(画"扁圆形")

学生：(感到问题的幽默,活跃)滚起来不平稳。

教师：为什么不平稳呢?

学生：……

2. 正反式提问

设计正反式提问,培养学生思维的严谨性。学生理解掌握概念需要经过从形象感知到抽象概括的过程,这时,教师应引导学生从正反两方面去思索,让学生动脑筋,自己探索结论。例如,学习了正比例函数的定义后,可向学生提问:在函数关系中,当自变量 x 增大时,函数值 y 也随之增大,这样的函数是正比例函数吗? 这样,促使学生从正反两方面去理解掌握概念,从而使学生的思维更严谨。

3. 迁移式提问

设计迁移式提问,培养学生思维的灵活性。例如,在讲"分式的约分"这一内容时,可直接出示题目让学生约分,目的是让学生将小学关于分数约分的概念和方法迁移到分式中来,在学生独立练习,对比分数约分,尝试性地对知识和方法进行迁移后,再回答教师的迁移性提问:(1)什么叫分式的约分? (2)分式约分的依据是什么? (3)对约分的最终结果有什么要求? (4)对分子、分母不含公因式的分式可以怎样命名?

4. 开放式提问

设计开放式提问,培养学生思维的广阔性。学生解决一道带有一定难度的问题,往往要经历一个复杂的思维过程。所以,教师要经常提出一些开放性的问题,引导学生从不同的角度去思考问题,突破常规,寻求变异,注意各分支数学知识间的联系,探究多种解法,尽可能地找到独特、巧妙的最佳方法,培养学生思维的广阔性。

【案例 4-2-10】 建立函数为主题的数学活动课片段

在一次以建立函数为主题的数学活动课中,出示了这样一个问题:请你设计一种关于 x,y 的运算,使得当 $x=3$ 时,$y=8$;当 $x=4$ 时,$y=6$。本题属于结论开放性问题,由于 x,y 的运算关系不确定而使设计的运算方式是开放的,本题可以从 x,y 的关系入手建立函数关系,也可以利用其他关系。请大家选择自己喜欢的方式,设计一种运算。经过探究后,学生得出如下一些答案:

生 1：$y=\begin{cases}8(当\ x\ 为奇数时)\\6(当\ x\ 为偶数时)\end{cases}$

生 2：将 x,y 视为反比例函数关系,则 $y=\dfrac{24}{x}$。

生 3：将 x,y 视为一次函数关系,设 $y=kx+b$,则 $\begin{cases}3k+b=8\\4k+b=6\end{cases}$,解得 $k=-2,b=14$,所

以 $y=-2x+14$。

生 4：将 x,y 视为二次函数关系，设 $y=a(x-3)^2+8$，把 $x=4,y=6$ 代入，得 $a=-2$。同样可设 $y=a(x-4)^2+6$ 求得。

5. 递进式提问

设计递进式提问，培养学生思维的深刻性。例如，在"认识三角形"的教学中，先让学生在课前准备好三根塑料吸管，长度分别为 13cm、9cm、6cm，然后在上课伊始做以下提问：①这三根吸管能首尾顺次连成一个三角形吗？②三根吸管都剪去 2cm 后，还能首尾顺次连成一个三角形吗？③最短边再剪去 2cm 后呢？④怎样的三边才能首尾顺次连接成一个三角形？一环扣一环的问题，循序渐进地推出了三条线段的三种不同关系，使学生能借助于最直观的现实体验对知识进行有机整合，形成系统的有关三角形边的知识结构，从而使学生的思维更深刻。

(五)如何展现过程

新一轮数学课改将"过程性目标"纳入数学课程目标中。然而，实践表明，过程目标的制定和落实还存在一定问题，比如过程目标过大、过空；"是什么"或"什么是"等记忆性问题居多，而"怎么来的""怎么想的""为什么这么想"等过程性问题相对较少；缺少挑战性问题和足够思考的时间，不能引发学生真正的思维活动，他们进行的常常是表面的模仿。此类现象表明，数学课堂重"教"轻"学"、重"结果"轻"过程"的现象依然十分普遍。由此可见，加强数学课堂"过程"教学的认识和实践研究具有十分重要的现实意义。

学生学习的过程是一个不断地提出问题、寻求方法、解决问题的过程。教师在课堂教学中，应给学生创造条件，并做悉心的启发引导，让学生自己提出问题，自己寻找研究的方法，自己拟定研究的方案，自己总结研究的成果……从而促进学生认识力的提高，实现学生的可持续发展。

从学生学习的角度看，学习是一个过程，学生掌握知识、熟练技能、发展思维都有一个过程。心理学研究表明，人的认识过程，在大体上重复着人类认识发展过程，即闻见(感知)→慎思(理解)→时习(巩固)→笃行(运用)。

从数学学科的角度看，数学作为知识体系是结果，数学知识体系的形成又是一个过程。数学是人们对客观世界定性把握和定量刻画，逐渐抽象概括、形成方法和理论并进行广泛应用的过程。包括：数学概念、法则的提出过程；数学结论的形成过程；数学思想方法的提炼及概括过程；用数学的过程。

从数学教学的角度看，教学是将知识的发生、发展、形成和应用与学生的认知自然融合的过程，即根据中学数学学科特点、学生已有的认知水平，通过模拟数学知识产生、发展、演变的过程，创设适宜的问题情境和学生动手、动脑、动口的机会，引导学生积极主动地进行思维活动，掌握知识的本质和来龙去脉，使认知结构不断发展，数学观念逐步形成的过程。

1. 教学目标的确定要体现过程

过程性目标的实现是通过学生经历"特定的数学活动"来完成的。即通过创设适宜的问题情境,安排合理的教学活动,让学生在这些特定的活动中,达到经历、体验和探索数学知识发生、发展的过程。同时,"三维"目标是一个有机整体,制定时可围绕突出过程整体呈现。例如,高中"数列的概念"第一课时,依据课程标准、本节课内容特点和学生实际,教学目标可确定为:①经历问题的提出与分析过程,体验引入数列概念的必要性;经历概念的形成过程,理解数列及其有关概念,能对数列进行简单分类,并通过举例加以说明;②通过实例,了解数列几种简单的表示方法,理解通项公式是描述数列的简洁形式,会根据通项公式写出数列的任意项;对于比较简单的数列,会根据前几项写出它的一个通项公式;③建立数列和函数之间的关系,认识数列是一种特殊的函数;④在数列概念形成和问题解决过程中,提高观察分析、抽象概括的思维能力。

2. 问题情境创设促过程展开

没有问题,就没有数学活动,也就谈不上活动过程。因此,精心创设问题情境是过程教学不可缺少的环节,它既要体现教学目标,又要体现知识的发生发展过程,还要适应学生的认知发展水平。问题情境的内容与课堂教学中心和重点紧密联系,选择的问题要有启发性、探索性、开放性,而不是对答如流的假问题和假交流。

【案例 4-2-11】 "总体百分位数的估计(高中)"情境创设

引例:我国是世界上严重缺水的国家之一,城市缺水问题较为突出。某市政府为了减少水资源的浪费,计划对居民生活用水费用实施阶梯式水价制度,即确定一户居民月均用水量标准 a,用水量不超过 a 的部分按平价收费,超过 a 的部分按议价收费。

问题1:如果该市政府希望使 80% 的居民用户生活用水费支出不受影响,根据前面100 户居民用户的月均用水量数据,你能给市政府提出确定居民用户月均用水量标准的建议吗?

分析:根据政府的要求确定居民用户月均用水量标准,就是要寻找一个数 a,使全市居民用户月均用水量中不超过 a 的占 80%,超过 a 的占 20%。

问题2:如何寻找全市居民用户月均用水量的标准 a 呢?

预设:通过样本数据对 a 的值进行估计。

问题3:在前面的 100 个样本数据中,怎么去找这个数 a 呢?

问题4:在我们以往的学习过程中,遇到过类似的问题吗?

预设:中位数。

问题5:100 户居民用户月均用水量数据的中位数怎么找?

预设:中位数也就是第 50 百分位数、50% 分位数。对于问题2,这个数 a 就是第 80 百分位数(80% 分位数)。

问题6:你能说说第 p 百分位数的含义吗?

师生活动:一组数据的第 p 百分位数是这样一个值,它使得这组数据中至少有 $p\%$ 的数据小于或等于这个值,且至少有 $(100-p)\%$ 的数据大于或等于这个值。

点明课题:这就是今天要学的"9.2.2 总体百分位数的估计"。(以下略)

3. 暴露思维过程

数学教学过程的核心是思维过程。现代教学提倡教师引导下学生主动积极的思维活动,要引导学生暴露思维的过程,教师常常需要显化自己的思维,介绍自己经历了哪些探索,尤其是在思维受阻时,又是如何调整思路的,是怎样想到这样调整的;有时,我们还需要结合教学内容展示数学家的思维。实践表明,适当展示教师的思维、数学家的思维过程,能对学生的思维起到积极的启发作用,从而收到较好的教学效果。同时,教师应为学生提供必要的帮助,提供足够的思考时间,恰当安排问题呈现的时机和顺序,对问题做适当的引导。

下面以"指数函数(第一课时)"为例说明数学课堂教学中如何展现教学过程。

【案例 4-2-12】　指数函数(第一课时)教学过程展现

1. 概念学习中要突出概念形成的过程

先给出三个实际问题情境,通过问题解决得到三个关系式:

(1)某细胞分裂时,由 1 个分裂成 2 个,2 个分裂成 4 个,4 个分裂成 8 个……若细胞分裂的次数为 x,相应的细胞个数 y 是多少?

(2)根据下面的一句话,写出"天数"x 与"长度"y 的关系式:"一尺之棰,日取其半,万世不竭"——《庄子·天下篇》

(3)要测定古物的年代,可以利用放射性碳法:在动植物的体内都含有微量的放射性 ^{14}C。动植物死亡后,停止了新陈代谢,^{14}C 不再产生,且原有的 ^{14}C 会自动衰变。经科学测定,若 ^{14}C 的原始量为 1,则经过 x 年后的残留量为 $y = 0.999879^x$。

然后引导学生分析这些关系式的特点,让学生感悟到:这是一组函数关系式——它符合函数的定义;这样的函数关系式很有用,值得关注——它们全部来自现实生活;这样的函数关系式从未见过,是新生事物;进一步地,它们有何共同特点——自变量在指数位置……最终得到指数函数的定义。

设计意图:在建立概念的过程中,一是要给学生充分的观察、比较、分析、概括的时间和空间;二是要悉心地启发引导学生自主建构概念;三是概括事物的本质属性,要给学生充分的思考时间。

2. 性质学习中要突出性质的探究过程

建立指数函数的概念后,接下来要干什么?——研究它的性质;

怎样研究?——寻找研究的方法;

研究什么?——明确研究的目标。

这一切均应是学生的自主探究。教师所要做的,就是启发引导——用大量的元认知启发提示语去引导学生,并给学生充足的时间去交流、充分的空间去探索。笔者给出如下的问题串,教学过程中视具体情况再作调整:

我们已建立了指数函数的概念,接下来你想干什么?

你想进一步认识指数函数吗?

指数函数有何特征?(启发引导学生自己提出"要研究指数函数性质"的问题)……

你打算怎样研究指数函数的性质呢？

以前有过类似的经历吗？

你研究过哪些函数的性质？是如何研究的？

（让学生回忆研究函数性质的方法——画图象，由图象观察其性质）……

你如何实施你确定的研究方法？如何达成你的研究目标？

你怎样画出指数函数的图象？（让学生自己选择 a 的值，画图象）

（教师巡视，发现并选择有代表性的图象展示，比如，要关注到 a 的两类情形）

从图象你看出了什么？请说说，说得越多越好。

（教师并不需要事先给学生明确要研究函数的性质，而是让学生从图中多观察出信息，增加研究的开放性。当学生回答时，教师择其要点板书，列出指数函数的性质，包括"图象过定点 $(0,1)$"）

研究函数性质主要关心哪些"指标"？（让学生明确研究函数的性质主要研究什么）

这些结论是根据具体的指数函数图象观察出来的，对一般情形成立吗？……

（师生最终完善形成"指数函数的图象和性质"）

3.解题教学中要突出方法的形成过程

先将课本上的例题抄录如下：

例　比较下列各组数中两个值的大小：

(1) $1.5^{2.5}$，$1.5^{3.2}$；(2) $0.5^{-1.2}$，$0.5^{-1.5}$。

如前所述，问题解决是利用指数函数的单调性来比较指数式的大小，数学的意义在于让学生寻找解决问题的方法——函数思想。笔者这样设想提问与启发：

如何比较二者大小？你能通过计算比较吗？

如果能，那改为比较 $1.5^{\sqrt{2}}$ 与 $1.5^{\sqrt{3}}$ 的大小呢？

（意在让学生感受到：直接计算并不是解决问题的办法，必须寻求另外的"出路"）

两式有何特征？有何共同特点？

（分析出都是指数式，底数相同，指数不同）

指数不同是什么意思？是否意味着指数在变化？你有何感想？

（底数不变，指数变化——联想指数函数）

应该引进怎样的指数函数？

引进指数函数后怎样说明两个式子值的大小？

……

四、课外教学工作

课外教学工作是课堂教学的延续，也是整个教学实习不可或缺的工作环节。课外教学工作主要包括作业批改、学生课外辅导及数学课外活动。这些活动一方面可以巩固和检测课堂教学的效果，弥补课堂教学的不足，另一方面有利于激发学生的学习兴趣，真正做到因材施教。

(一)学生作业的处理

课后作业是对课内学习的必要巩固。学生通过作业的实践活动巩固基础知识和掌握基本技能,教师通过批改作业了解学生学习情况,检查教学效果。

1.作业的内容

在作业布置的内容方面,可根据不同课型来确定。在新授课上,可结合课本和练习本布置分层作业,有要求全体学生必做的必做题和学生自主选择的选做题。也可布置与下节课学习相关的思考题,例如,学习了相似三角形的判定定理"有两个角对应相等的三角形相似"之后,可以布置思考题"你能从三角形边的角度去判定三角形相似吗? 为什么?",从而通过作业将学习延续到下一节课。另外,随着科技发展,有些作业可以布置学生通过上网等方式查资料、写小论文,并用电子版方式提交。对于复习课,可在课前布置学生做好单元小结,如把本单元的知识与方法罗列出来,同时布置完成课本上的一些复习参考题。

2.作业布置的注意点

目前,关于学生的作业普遍存在如下一些问题:作业量较大,学生感到很累;作业内容、形式单一,通常只是课堂知识的重复再现;补充的课外习题不能针对学生的实际情况;学生做作业的情绪不高,抄作业的现象较普遍。在新课程理念下,作业布置应注意"度"的把握,在数量和难度上都要适当,既有一定量的巩固习题,又有少量的探索题。为了设计具有层次性的作业任务,教师可根据下列问题来思考:你期望所有(或绝大多数或某些)学生都熟悉哪些内容? 都掌握哪些内容? 都理解哪些内容? 你将如何了解?

总之,作业布置因课而异,既要讲究实效,又要便于批改检查与反馈,灵活方便,真正做到通过作业促进学生的高效学习。

3.作业的批改

学生的作业是一个窗口,通过批改作业,可以了解学生学习的实际情况,及时为教学提供有价值的反馈信息。

对作业的批改是教师全面了解学生的重要途径。教师对作业的处理一般有以下几种形式:

(1)全批全改形式。这是一种学生和家长普遍欢迎的形式。对数学作业,学生每天交,教师每天改,这可以经常了解学生完成作业与作业质量情况,可督促学生每天按教师要求去完成学习任务。这种批改形式要求老师对作业进行登记,并列为期末成绩考核的一部分。但这种传统的批改方式因为工作量较大、师生之间缺乏互动而越来越多地受到挑战。

(2)轮流批改形式。它是指将学生分成几组(最好是不同水平的学生搭配),老师每一次批改一部分,对发现的问题及时在课堂上总结纠正,对普遍性错误着重强调并提出解决方法。也可以小组内学生先互相批改,组长(最好"轮流执政")把批改的情况向老师汇报,这样学生既可了解自己作业中的问题,又能从其他同学的作业中学到新颖的思路和方法,锻炼提高其改错和辨析能力。

(3)课堂讲解形式。它是指将上次布置的作业在开始上课时加以讲评。这种形式全班同学都可通过老师讲解而详细了解自己作业的对错,但占用新课时间,不宜普遍应用,而只能对普遍存在严重错误的作业,或者对有益于引进新课的作业题采取这种方法。

学生作业批改,既要充分发挥作业的评价功能,更要发挥作业的激励功能。

(1)与学生协商批改作业。比如,有的同学解题过程很特别、很简略,而结果是正确的。这是一种结果的偶然巧合,还是一种新颖别致的解法呢?为了解具体情况,可当面与学生协商批改作业。在这个过程中,常会有意外的发现,或是学生解题的漏洞,或是学生解题思路的创新。教师对学生有创意的解题方法给予表扬,并让其在班中介绍思路或方法,鼓励大家做作业时开拓创新。

(2)延迟批改。"评价应注重学生发展的进程,强调学生个体过去与现在的比较,通过评价使学生真正体验到自己的进步。"学生的知识基础、智力水平和学习态度是不同的,应允许一部分学生经过一段时间的努力达到相应的目标。为此,教师可暂缓作业评价(评分或评判等级),淡化作业的甄别功能,突出作业的发展功能,使学生在作业中看到自己的进步,感受成功的喜悦。

(3)运用作业评价语。人们常说:"教师的语言如钥匙,能打开学生心灵的窗户;如火炬,能照亮学生的未来;如种子,能深埋在学生的心里。"教师怎能吝啬自己的金玉良言呢?当学生作业中出现审题、计算、观察、分析、判断等方面的错误时,可批上"认真审题,想想题目中的条件全用上了吗?"当基础比较薄弱的学生写出一部分答案时,应借此激励"你一定行的,再想一想就能想出来了!"此外,"你好棒,这次练习全对了!""真聪明,这么有创意,上课大胆一点说出你的想法就更好了。""搬开你前进的绊脚石——粗心,奋勇前进!"等评语,可增强学生信心,纠正其不良习惯,使其自然接受老师提出的殷切期望。

作业评语还可以激发学生思维,如利用评语"解得巧、方法妙"肯定独特见解的学生。对于多种解法的作业题,老师可以写"还有其他解法吗?""爱动脑筋的你肯定还有高招!"这样的评语,除了激励外,还可以激发学生的创新意识。

(二)课外辅导

课外辅导是数学教学的主要工作之一,一般来说,实习生进入实习学校以后,除了课堂教学观摩之外,首先与学生直接打交道的工作就是课外辅导。当你进入课堂以后,学生就会拿着很多问题向你求教,甚至除了数学问题以外,还有其他学科问题,如物理、化学、外语等,如果你能顺利地帮助学生解答这些问题,往往会获得很高的印象分:这位老师学识确实渊博。当然,开展课外辅导不是为了要获得学生很高的印象分,而是要对学生的学习起到实质性的帮助作用。下面针对课外辅导提出一些建议。

(1)课外辅导是课堂教学的延伸和补充,但作用却不可小视,如果实习生能够利用好课外辅导这一环节,对学生的学习会起到很大的作用。因此,实习生要高度重视这一工作,不要只是辅导,而忽视其应有的作用。

(2)辅导往往是针对个别学生或者部分学生答疑,实习生要把它作为自我锻炼的机会,应思考怎么给学生讲解清楚,怎么样给学生查漏补缺,怎么样给学生书写清楚,这些都为自己正式走上讲台奠定基础。不要认为在辅导时,讲解随意,书写自由,一旦形成习惯,往往会不自觉地带到课堂教学之中,自己也不会意识到,这些对于自己专业发展都会造成不利影响。在课外辅导中,态度如何是衡量一个教师能否为人师表的重要依据,而灵活的应变能力,则是对教师的基本功和专业知识水平的一个考验。

(3)课外辅导要兼顾不同层次的学生,针对不同水平的学生,课外辅导的主要定位应有所不同。例如,对学困生的课外辅导应注重查漏补缺,帮助他们适当靠近中等水平,重在解决一些基本问题,提高学习兴趣和动机,增强学好数学的信心,对于他们提出的问题,教师要耐心细致地给予解答,并与他们一起分析问题的症结所在,帮助他们制订出可行的学习计划,并监督他们执行;对学优生的课外辅导应注重开阔视野,以点拨的方式内化他们的数学知识结构,优化他们的思维能力,拓展他们的数学知识,强化他们对数学的兴趣与爱好,引导他们向深一层次的数学问题发起冲击。

(4)课外辅导要将个别辅导和集体辅导有机地结合起来。根据以往的经验,学生一般比较喜欢问实习生问题,他们只要对哪些知识不了解,对哪些问题弄不懂,就会问实习生。也就是说,如果逐一回答学生提问,或者答疑,工作量是非常大的,而且很多问题可能重复地给学生回答,会耗费掉大量的时间和精力,从而影响其他教学活动的效果。因此,应将个别辅导和集体辅导有机地结合在一起,对个别性的问题采取个别辅导的方式,对普遍性的问题采取集体辅导的方式。

(5)在给个别学生辅导时最好不要影响其他学生学习。可以建议学生在自习结束后到教师办公室去向老师请教,这样就不会对其他学生的学习造成影响,如果要在教室对个别学生进行辅导,应适当降低音量。

(6)课外辅导不只是当学生有问题问老师了再来解决,而且也要根据学生作业完成的情况、教学内容的难度、学生在课堂上的表现等,主动开展一些课外辅导活动。应将课外辅导与学生完成作业情况、课堂参与情况结合起来,作为了解学生学习情况的一条途径。

(三)数学课外活动

课堂教学是数学教学的"主渠道",而课外教学则起辅助作用。随着数学课外活动的广泛开展,其在培养人才上所起的作用将越来越大。数学课外活动应充分调动学生的积极性,激发他们的求知欲和创造性。从教学对象、教材教法上要与正规的课堂教学有明显区别,绝不能成为变相的加课时,也不能成为"补课"活动。因此,对数学教师的要求更高了,他们不但要能胜任课堂教学,而且要能独立地、有创造力地开展形形色色的数学课外活动,指导学生开展数学课外活动是中学数学教师的重要职责。

数学课外活动的开展,要注意下列事项。

(1)中学数学课外活动主要有三种形式:开展课外数学选修课,建立课外数学兴趣小组,创办学生的数学刊物、数学园地。在上述三种课外活动中,教师所处的位置是不同的:选修课以教师讲述为主;兴趣小组以教师激发和引导学生为主;创办学生的数学刊物,教师则主要处于幕后策划的地位。

(2)上述三种活动参加的形式也不同。选修课的参加者以数学学习成绩中上等的学生为主,人数可多些。数学兴趣小组则以在数学学习中有兴趣、有特长的少数拔尖学生为主。在有条件的地区,教师还应当帮助他们利用课余时间到省、市级的数学集训队或数学奥林匹克学校中学习,形成校内外的交叉培训过程。学生自己创办的数学刊物的主要负责人应当是工作热心、有负责精神且数学成绩较好的学生。

(3)为减轻学生负担,数学课外活动的密度不宜过大,每次活动要讲求质量,要贯彻少而精的原则。一般来说,以每周进行一次活动、每次活动一至两个小时为宜。每个学生一般不要参加两种或两种以上的课外活动。

(4)开展课外活动的指导思想是激发学生的求知欲,帮助他们读书、整理资料、做学问,从长远的观点看,这是改善学生的思维品质、提高学生的治学能力的根本做法。因此,必须以学生为主体。

(5)各种活动都应有长计划、短安排,要讲求实效,有知识性、趣味性,要适合青少年心理上或知识水平上的实际情况,还要注意尽量与当前学生的数学课内的教学内容有一定联系。

(6)对参加各种课外活动的学生要逐一审查他们是否具备参加该项课外活动的条件。对于那些赶时髦、图热闹,学习比较吃力的学生,则要以适当方式劝阻他们不要参加课外活动,以保证他们的课内学习能达到基本要求,这就是说,对参加和不参加课外活动的每个学生都要负责任。

(7)除对学生进行数学培训以外,还要注意参加课外活动的学生其他各方面的成长。少数数学尖子常有一种优越感,他们有的组织纪律性不强,还有的可能会出现偏科现象。针对这些情况要多做思想教育工作,打消他们的骄傲情绪,克服他们的自由主义,鼓励他们多参加班集体活动,促进他们的全面发展。

(8)课外兴趣小组活动或选修课的内容应充实,有系统性,便于学生掌握,同时便于教师检查学习质量,还要有一定的针对数学竞赛的专项训练内容,不应当简单地把中学课本中以后将要学习的内容提前来讲,也不要讲成高等数学课。要在中学生的实际知识水平和实际接受能力的基础上,以提高能力这个总目标作为选材的依据。

五、数学成绩考核

实习生在实习过程中,往往要对学生进行成绩考核。实际上,对学生的成绩考核方式应该是多样的,如课堂表现、作业完成情况等。但考试仍然是一种主要的考核方式,也是绝大多数师生认为最公平、最公正、最科学的方式。考试是中学数学主要的教学评价方式。评价的目的是考查学生学习的成效,进而也考查教师教学的成效。通过考查,诊断学生学习过程中的优势与不足,进而诊断教师教学过程中的优势与不足。在此基础上,改进学生的学习行为,进而改进教师的教学行为,促进学生数学学科核心素养的达成。在教育实习中,师范生要了解考试命题的原则、路径与要求,掌握试卷分析的基本流程及考试结果质量分析的方法。

(一)考试命题

1. 命题原则

命题应依据学业质量标准和课程内容,注重对学生数学学科核心素养的考查,处理好数学学科核心素养与知识技能的关系。考查内容应围绕数学内容主线,聚焦学生对重要数学概念、定理、方法、思想的理解和应用,强调基础性、综合性;注重数学本质、通性通法和数学应用,淡化解题技巧;融入数学文化。试卷命题时,要处理好考试时间和题量的关系,合理设置题量,给学生必要的思考时间,增加试题的思维量,关注数学学习过程中思维品质的形成,关注学生会学数学的能力。

2. 命题路径

基于数学学科核心素养的考试命题,应注意以下几个重要环节。

(1)构建数学学科核心素养的评价框架。依据数学学科核心素养的内涵、价值和行为表现的描述,参照学业质量的三个水平,构建基于数学学科核心素养测试的评价框架。评价框架一般包括三个维度:第一个维度是反映数学学科核心素养的四个方面,它们分别为情境与问题、知识与技能、思维与表达、交流与反思;第二个维度是考试内容;第三个维度是数学学科核心素养的三个水平。

(2)依据评价框架,统筹考虑上述三个维度,编制基于数学学科核心素养的试题,每道试题都有针对性的考查重点。

(3)对于每道试题,除了给出传统评分标准外,还需要给出反映相关数学学科核心素养的水平划分依据。

3. 命题要求

在命题中,选择合适的问题情境是考查数学学科核心素养的重要载体。情境包括现实情境、数学情境、科学情境,每种情境可以分为熟悉的、关联的、综合的;数学问题是指在情境中提出的问题,从学生认识的角度分为简单问题、较复杂问题、复杂问题。这些层次是构成数学学科核心素养水平划分的基础,也是数学学科核心素养评价等级划分的基础。对于知识与技能,要关注能够承载相应数学学科核心素养的知识、技能,层次可以分为了解、理解、掌握、运用以及经历、体验、探索。

一般来说,试题的来源包括:改编陈题,即改编教科书中的例题、习题和其他参考书上的题目;利用实际问题、数学问题、基本量法、新的数学概念和运算法则等来编制新题;利用题库生成试题。以下参看核心素养导向下的中学数学试卷命题案例。

【案例 4-2-13】 探究叠放杯子的总高度变化规律(初中)

如图 4-2-1 是 1 个纸杯和 6 个叠放在一起的纸杯的示意图,请自行定义常量与变量来建立一个函数,探究叠在一起的杯子的总高度随着杯子数量的变化规律。

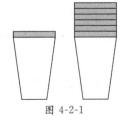

图 4-2-1

样题分析:该题要求学生能够根据图示,自定义合适的常量和变量,并利用函数描述杯子的总高度随杯子数量的变化规律。考查学生对函数概念的理解。正确作答该试题要求学生能够从数学的角度观察示意图,将问题情境抽象为数学情境,并能够运用函数的知识表示杯子总高度随杯子数量的变化规律。考查的核心素养为"会用数学的眼光观察现实世界"和"会用数学的思维思考现实世界",核心素养的主要表现为抽象能力和运算能力。

参考答案:设杯子底部到杯沿底边高为 H ,杯沿高为 a(常量),杯子数量为 n(自变量),则总高度 $h = H + na$。

【**案例 4-2-14**】 四棱锥中的平行问题(高中)

目的:以空间中的平行关系为知识载体,以探索作图的可能性为数学任务,依托判断、说理等数学思维活动,说明逻辑推理素养水平一、水平二的表现。

情境:如图 4-2-2,在四棱锥 P-$ABCD$ 的底面 $ABCD$ 中,AB∥ DC。回答下面的问题:

(1)在侧面 PAB 内能否作一条直线段使其与 DC 平行? 如果能,请写出作图过程并给出证明;如果不能,请说明理由。

(2)在侧面 PBC 中能否作出一条直线段使其与 AD 平行? 如果能,请写出作图的过程并给出证明;如果不能,请说明理由。

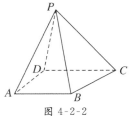

图 4-2-2

分析:直线与直线、直线与平面、平面与平面的平行和垂直等位置关系是高中立体几何内容的重点,也是教学的难点。设计开放性问题,让学生在运用平行和垂直的相关定理进行判断、说理的活动过程中,提升直观想象和逻辑推理素养;通过这样的活动也可以对学生达到的相应素养水平进行评价。

(1)能作出平行线。具体方法是,在侧面 PAB 内作 AB 的平行线;因为 AB 与 DC 平行,依据平行公理,这条平行线也必然平行于 DC。完成这个过程,说明学生知道在平面内作与平面外直线平行的直线,需要寻求平面外直线与这个平面之间的关联,可以认为达到逻辑推理素养水平一的要求。

(2)需要分别判断。如果 AD 与 BC 平行,可以参照(1)的方法作出平行线。如果 AD 与 BC 不平行,不能作出平行线。用反证法进行说理如下:假设侧面 PBC 内存在直线与 AD 平行,可推证 AD 与侧面 PBC 平行,依据性质定理,可推证 AD 与 BC 平行,这与条件矛盾。完成这个过程,说明学生能够理解直线与平面平行的相关定理以及定理之间的逻辑关系,可以认为达到逻辑推理素养水平二的要求。

从整份试卷的命题来看,试题编选要做到:①符合教材、课程标准及学生的实际水平。②试题对知识点的覆盖面和学生的适应面要广。编选的试题要照顾大多数学生的知识水平,使他们通过一定的思考能解答试题中的大部分内容。③试题题型要灵活多样,既要有基本类型的试题,又要有适量带有技巧性、综合性、应用性,甚至是探究性、开放性的试题,做到各类题型合理组合,学生的知识、能力都得到检查。④试题要具有启发性,能激发学生积极思考,解答后能使学生受到启发,发展思维。⑤试题编制要科学合理,试题的内容不能违背数学的概念和原理,即确保科学性;试题的表述必须用词准确,文字简练,清晰明确,不带歧义,不致引起学生对试题的误解;每道试题上应赋有合理的分值。试题编制好后,要做出参考答案和评分标准,以便于阅卷。

【**案例 4-2-15**】 一元二次函数、方程和不等式单元测试卷命题

一元二次函数、方程和不等式单元是人教 A 版高中数学必修第一册(2019 年版)第二

章,属于高中数学预备知识主题内容。

一、本章学业要求

1.理解不等式的概念,掌握不等式的性质。

2.掌握基本不等式,能用基本不等式解决简单的最大值或最小值问题。

3.经历从实际情境中抽象出一元二次不等式的过程,了解一元二次不等式的现实意义。

4.能借助二次函数的图象,了解一元二次不等式与相应函数、方程的联系。

5.能借助二次函数求解一元二次不等式,并能用集合表示一元二次不等式的解集。

6.能从函数的观点认识方程和不等式,感悟数学知识之间的关联,认识函数的重要性,体会数学的整体性。

7.在本章的学习中,重点提升逻辑推理、数学运算和数学建模素养。

二、本章核心知识评价要求

依据本章学习目标和学业要求,可列出本章的7个核心知识按照了解、理解、掌握划分的三个认知层次,且高一级的层次要求包含低一级的层次要求。具体评价要求见表4-2-3。

表4-2-3 核心知识评价要求

主题	知识单元	核心知识	评价要求		
			了解	理解	掌握
预备知识	一元二次函数、方程和不等式	等式与不等式的性质	1.不等式的概念		✓	
			2.不等式的性质			✓
		基本不等式	3.基本不等式及其应用			✓
		二次函数与一元二次方程、不等式	4.一元二次不等式的概念	✓		
			5.二次函数的零点	✓		
			6.一元二次不等式与相应函数、方程的联系	✓		
			7.一元二次不等式的解法		✓	
总　计			3	2	2

三、本章单元试卷命题

1.本章学业水平测试的命题意图

(1)以二次函数、方程和不等式的核心知识为素材,突出评价学生对等式性质与不等式性质、基本不等式以及利用基本不等式解决简单的最值问题等的了解、理解和掌握程度;评价学生对一元二次不等式的解法和应用的了解、理解和掌握程度。

(2)以二次函数、方程和不等式的基本问题为载体,突出函数对方程和不等式的统领作用,注重结合具体问题情境融入函数与方程、数形结合、化归与转化、特殊与一般等数学思想方法,强调通性通法,淡化特殊技巧。

（3）以一元二次函数、方程和不等式的简单应用为特征,突出问题情境中要蕴含数学关键能力的评价,将一元二次函数、方程和不等式的核心知识、思想方法和实际应用有机结合,重在评价学生综合运用本章知识解决实际问题的能力。

2.本章学业水平测试题的双向多维细目表

依据上述要求,设计了本章学业水平测试题的双向多维细目表（见表4-2-4）,编制了一套示范性学业水平测试题,并给出了参考答案,以供教学时选用。

表 4-2-4　本章学业水平测试题的双向多维细目表

题型	题号	问题情境	核心知识	评价要求	思想方法	关键能力
选择题	1	现实（A）	不等式的概念	理解	化归与转化	抽象概括
	2	数学（A）	不等式的概念	理解	化归与转化	推理论证
	3	数学（B）	不等式的基本性质	掌握	化归与转化	推理论证
	4	数学（B）	不等式的基本性质	掌握	化归与转化	推理论证
	5	数学（A）	基本不等式	掌握	化归与转化	逻辑思维
	6	数学（A）	一元二次不等式的解法	理解	数形结合	运算求解
填空题	7	数学（A）	二次函数、方程和不等式的联系	了解	函数与方程	直观想象
	8	数学（B）	用基本不等式求简单最值问题	掌握	特殊与一般	运算求解
	9	数学（B）	用基本不等式求简单最值问题	掌握	特殊与一般	运算求解
	10	数学（B）	一元二次不等式的解法	理解	数形结合	运算求解
解答题	11	现实（C）	用基本不等式求简单最值问题	掌握	函数与方程	数学建模
	12	现实（C）	二次函数、方程和不等式的联系	了解	函数与方程	数学建模

一元二次函数、方程和不等式单元测试卷（高中）

（二）试卷分析

对试卷进行分析,要做到科学、准确,需进行信度、效度、难度、区分度等的计算测定,然后根据测试的目的,从试卷、教学、学生等方面进行分析。

1.试卷分析的基本流程

第一,确定分析目的、范围及方法。一般包括分析目的、重点、试题范围、考查的知识点、基本题量、综合题量、题目难度、分析方法等方面。

第二,统计成绩。用表格形式统计考试成绩,包括考试人数、平均分、标准差、及格率及成绩分布等。

第三,答题情况分析。包括按题统计正误人数、摘录典型错误、诊断错误原因、计算各题的得分率等。

第四,找出存在的问题。教师方面包括教学态度、教学方法、责任感及掌握教材的程度等因素;学生方面包括学习态度、学习方法及原有知识基础等因素。

第五,拟定改进措施。针对问题提出改进措施,做好转化工作。

2. 撰写试卷分析报告

试卷分析报告通常包括以下内容。

第一,基本情况,包括考试人数、平均分、及格人数、及格率、优秀率等。

第二,试题特点,包括试题结构、试题数量、知识点及分数等。

第三,抽样分析情况,可分析学校或班级的抽样情况。

第四,学生答题的得失分析,即各题型下学生答题的得失情况分析。

第五,教学改进意见,即对今后教学的建议。

3. 考试结果的质量分析

衡量考试的质量通常有四个重要的指标:难度、区分度、信度、效度。

(1)难度

试题的难度即试题的难易程度。难度计算公式为:$P = X/W$。其中,P 为难度,X 为该题平均得分,W 为该试题的满分。难度值越大,该题平均得分越高,题目难度越小。

各个试题的难度以适中为宜。试题太难或太易都不会有好的区分度,其信度也会降低。一般将难度值大于或等于 0.7 的试题定为容易题,大于 0.4 而小于 0.7 的定为中等题,小于或等于 0.4 的试题定为难题。命题时难度要按一定比例分配,单元卷一般是 3:6:1 或 3:5:2,其中容易题的难度系数为 0.95~0.75,中等题为 0.74~0.6,难题为 0.59~0.2。但就中考、高考这类以选拔性为主要目的的考试来说,难度以适中为宜,单个试题的难度以 0.3~0.7 为好,整卷以 0.5~0.6 为最佳。

(2)区分度

区分度是指试题对不同被试者鉴别其能力的程度。它是反映试题能否鉴别学生能力高低的指标,由某题答对人数与答错人数相比较而确定。如果某个试题,总分高的学生与总分低的学生都没有做对,或全做对,则说明该题没有区分度。假如一个试题对总分低的学生出错的人数比总分高的学生更多,则表明该试题有较高的区分度。

试题(或试卷)的区分度计算。计算公式为:$D = 2(X_H - X_L)/W$。其中,D 为试题(或试卷)区分度,X_H 为 27% 高分组平均分,X_L 为 27% 低分组平均分;W 为该试题(或试卷)总分。例如,一份满分为 100 分的试卷,高分组平均得分为 90 分,低分组平均得分为 60 分,则区分度为 $2(90-60)/100 = 0.6$,一道题值为 2 分的试题,高分组平均得分为 1.5 分,低分组平均得分为 0.5 分,则区分度为 $2(1.5-0.5)/2 = 1$。

试题区分度范围为 $-1.00 \leqslant D \leqslant +1.00$,通常,$D$ 为正值,表示积极区分;D 为负值,表示消极区分;D 值为 0,表示无区分作用。具有积极区分作用的试题,其 D 值越大,区分的效果越好。试题的区分度在 0.4 以上,表明此题的区分度很好;区分度为 0.3～0.39,表明此题的区分度较好;区分度为 0.2～0.29,表明此题的区分度不太好,需要修改;区分度在 0.19 以下,表明此题的区分度不好,应淘汰。中考、高考试题的区分度一般要求在 0.3 以上,表示高分组的学生比低分组的学生能多得 30% 的分数。一般认为,区分度的数值达到了 0.3,便可以接受;低于 0.3 的题目,区分能力就差了。

(3)信度

信度是指考试结果的可靠性程度,也即测得结果的一致性或稳定性。稳定性越高,意味着测评结果越可靠。相反,如果用某套试题对同一应试者先后进行两次测试,第一次得 80 分,第二次得 50 分,结果的可靠性就值得怀疑了。可用等值系数、稳定系数和内在一致性系数(分半系数)来表示。标准化考试的信度系数要求在 0.9 以上,最低不低于 0.8。

在试题信度评价中,因考试本身的特殊性,常用的是 α 信度系数法。克伦巴赫 α 信度系数(Cronbach's alpha)是目前最常用的信度系数。克伦巴赫 α 信度系数公式为:$\alpha = k/(k-1)[1-(\sum S_i^2)/ST^2]$。其中,$K$ 为量表中题项的总数,S_i^2 为第 i 题得分的题内方差,ST^2 为全部题项总得分的方差。从公式中可以看出,α 信度系数评价的是量表中各题项得分间的一致性,属于内在一致性系数。

(4)效度

效度是指通过一次考试能确实地测量到它所欲测量的目标的程度,可用考试的效标关联效度和内容效度来表示。标准化考试要求效标关联效度在 0.45 以上,考试才算有效。内容效度没有确切的数据指标,它是由测验编制者、使用者通过分析、判断得出的结论。一般认为,内容效度应达到 80% 左右。

(三)试卷讲评

试卷讲评重在帮助学生总结自己过去一段时间的学习情况,对知识进行梳理,对方法进行分析,找出存在的问题。

1.讲评课前的准备

讲评课上得成功与否,课前准备至关重要。课前对试卷进行分析,统计每题的得分率和每题出现的典型错误。然后,依据试卷和学生的实际情况制定教学方案:①讲清考试要求,确定讲评要达到的目标;②哪些题重点评讲,哪些题略讲,用什么方法,按照什么程序讲;③哪些题可一题多解,一题多变,适当拓宽,哪些题要进行分解,降低台阶;④学生出错的原因和存在的思维障碍,准备采用何种方式使之今后不出或少出错。

2.讲评课的教学方法

(1)典型题法。教师精选试卷的若干典型题目,给予深入的分析,然后从知识点和解题方法两个方面进行归纳总结,揭示重点试题中的数学内涵,注重通法分析,重视归纳提炼,力求做到举一反三。试卷中的其余题目或归类于典型题,或一笔带过。

(2)学生再练、自评法。学生再练是指教师将试卷分为若干个区间,将各区间中的典型错误分给学习小组再讨论练习,然后由教师评讲。由于学生在考试后一般都有相互交流的机会,因此,学生再练习可以再次激发其学习兴趣。学生自评法是在考试后,教师布置学生写好考试小结,然后课上交流。小结内容包括考试的准备情况、答题情况、得分情况、错误的主要原因等,还可以写对教师的意见和建议。此法操作简单,信息交流量大。

(3)延伸拓展法。教师在评讲前公布正确答案,讲评时则主要抓住几个重要题目进行变化、延伸,即对原题目的条件、过程、设问等延伸拓展后再求解。它可使学生思路开阔、知识深化,使一份试卷的功效大大提高。

通过试卷的评讲,学生的思维能力得到发展,分析与解决问题的悟性得到提高,对问题的化归意识得到加强。训练"一题多解",不在于方法的罗列,而在于思路的分析和解法的对比,揭示最简或最佳的解法,训练"一题多变""一题多拓",发散思维,提高分析、综合和灵活运用能力。

【案例 4-2-16】 试题的变式与拓展

例:如图 4-2-3,已知等边△ABC 中,$AN=CM$,CN,BM 交于点 O,则∠BON 的度数是(   )

图 4-2-3

A. 40°   B. 55°   C. 60°   D. 75°

变式:如图,已知等边△ABC 中,CN,BM 交于点 O,∠BON 的度数是 60°,那么 $AN=CM$ 吗?

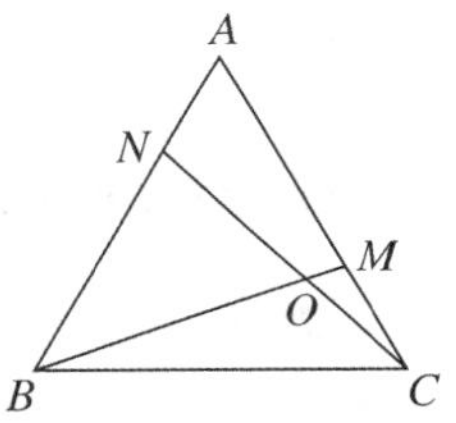

拓展 1:在正方形 $ABCD$ 中,M,N 分别是 CD,DE 上的点,BM 与 CN 交于点 O,若 $AN=CM$,求∠BON 的度数。

拓展 2:在正五边形 $ABCDE$ 中,M,N 分别是 CD,DE 上的点,BM 与 CN 交于点 O,若 $CM=DN$,求∠BON 的度数。

拓展 3:在正六边形 $ABCDEF$ 中,M,N 分别是 CD,DE 上的点,BM 与 CN 交于点 O,若 $CM=DN$,求∠BON 的度数。

拓展 4:在正 n 边形 $ABCD\cdots$ 中,M,N 分别是 CD,DE 上的点,BM 与 CN 交于点 O,若 $CM=DN$,求∠BON 的度数。

总之,试卷讲评的方法是多种多样的,关键是要根据班级学生的总体水平、试卷的难易程度及其特点而灵活选用。

3. 讲评课要注意的问题

讲评要重视激励。讲评课应从试卷中找出闪光点,充分肯定学生的成绩和进步。

讲评针对性要强。讲评时只有做到有针对性、对症下药,才能提高讲评课的效率。要做到讲评课针对性强,就必须仔细分析试卷,广泛收集信息。不仅要弄清学生哪些题目存在问题、问题的严重程度,而且要弄清错误的原因,讲评才能有的放矢,击中学生产生错误的要害,收到实效。

忌变成简单的改错课。不要简单地把正确答案呈现给学生,导致学生知其然不知其所以然,而应重视分析解题思路,总结解题规律。讲评题目时,要注重启发学生回忆有关知识点,体会基本知识对解题的指导作用。同时要会借题发挥,引导学生从横向、纵向去分析问题,注重通法分析,优选解法,重视归纳提炼,力求做到举一反三。

第三节 教研工作实习

　　教育实习的教研工作主要包括课堂教学评议、课堂观察、课例分析、实习学校校本课程案例、教育调查或教育行动研究、教研工作报告等。通过教研工作实习,师范生可形成良好的教研意识与态度,掌握听课与评课、说课(课例报告)、公开课、教育反思、课程研究、教育调查(行动研究)等教研过程与基本方法。本节着重探讨课后教学反思、评课与教育调查研究。

教育实习教研工作手册

一、课后教学反思

　　教师的工作充满了专业的挑战,是一门技巧与意志融合的艺术。在专业挑战下,教师唯有不断地反思,反复检视自身的教学经验,修正自身的教学方式,改进自身的教学行为,才能进一步提升教学的效能。正如著名学者波纳斯提出的"教师成长公式:经验+反思=成长"。教学反思是教师自觉地把自己的课堂教学实践,作为认识对象进行全面而深入的冷静思考和总结。教学反思可以激活教学智慧,探索教材内容的表达方式,构建师生互动机制及学生学习的新方式。作为实习生,要有意识地关注自己在课堂教学实践中所做出的决策及其影响,对自己的教学行为保持一份敏感,对自己的所作所为多一点思考,这是成为反思型教师的关键所在。一个反思型的教师知道自己在做什么、为什么要这样做,然后反思这么做的结果。

　　数学课堂教学反思,是指教师借助对自己课堂教学实践的行为研究,不断反思自我对数学,学生学习数学的规律,数学教学的目的、方法、手段以及经验的认识,以努力提高数学课堂教学实践合理性的活动过程。这一活动以探索和解决数学教学活动中的问题为基本出发点,以追求合理型的数学教学实践为最终目的。实习生要通过课堂教学的回顾,对教学的前、中、后期进行反思。

(一)教学反思的内容

　　明确数学课堂教学反思的内容,这是进行教学反思的前提。通常,可以从两个层面对数学教学进行反思:首先是对教学实践中的策略、方法和手段进行反思——反思教学策略、方法和手段的合理性,及其与教学目的之间的一致性;其次是对教学实践的理论假说进行反思——反思教学过程中自我教学行为反映出来的数学教育观念。我们可以从不同角度来确定反思的内容,例如,根据教学活动的时间顺序,分阶段确定反思的内容,也可以根据教学活动涉及的要素进行反思。另外,在反思的具体实施过程中,我们可以选择若干感受深刻的内容,有侧重地进行思考。以下我们就教学活动涉及的要素对教学反思的内容加以说明。

1. 知识层面

知识层面是指在课堂教学活动后反思数学内容的"解构"是否到位,并提出改进措施,因此也就是对数学教学内容进行的反思。数学教学内容的反思可以从多个角度进行,从数学思想方法角度反思数学教学内容,即是对蕴含在数学表层知识下的极为丰富的数学精神、思想、方法、原理、规则、模式等深层知识的挖掘;从历史角度反思数学知识,主要是探究数学知识生动活泼的产生发展过程,搞清楚数学知识的来龙去脉,获取有关数学知识的历史材料;从文化角度反思数学教学内容,数学知识作为一种文化,它具有自身的文化特性,通过反思,挖掘数学教学内容的文化因素;从数学教材角度反思,数学教材作为数学教学内容的载体,是反思的重要环节,教师要对教学内容的选择、编排特点、教材变迁、知识的呈现形式、教材的加工处理、例题和习题的选择与功能等进行反思。

2. 教的层面

教的层面主要是反思教师在与课堂教学相关的活动中的行为表现及其效果,并提出改进建议。具体包括:教学目标的定位,重点、难点的处理,教学阶段的划分与教学处理,教与学的方式,教学组织形式,问题情境的设置(与数学、生活或其他学科联系的背景),提问质量,师生互动,板书的设计,多媒体等教学技术的运用,对教材内容的处理,课题的引进,课堂作业的布置,因材施教,小组活动的设计等。其中特别要注意反思是否围绕数学概念、思想方法开展教学活动以及落实情况。

3. 学的层面

学的层面主要是反思学生在课堂中的行为表现,分析其成因,并据此提出教学改进建议。具体包括:对学生当前认知水平的分析和估计是否符合学生现状,学生对概念的本质、思想方法的理解状况及其原因,学生对课堂中某些关键性问题的反应及其原因分析,对课堂中学生思维活动特征的分析,对学生使用的问题解决策略的分析,对学生作业情况及其原因的分析等。

4. 情感态度价值观层面

情感态度价值观层面包括课堂氛围的营造,教师与学生、学生与学生之间的感情沟通,数学学习兴趣的培养,对数学学习的认识与态度,学习动机与自信心,学生主动参与的程度等。

上述课堂教学反思主要是指实习生对自己课堂教学的自我反思,除此之外,还可以反思实习同学同样内容的课堂教学。通过研究同伴的课堂教学,反思同样的教学内容在不同班级教学效果为什么会不一样,从而取长补短。课堂教学的对比反思一般包括教学内容对比(如例题、练习的配置等)、课堂结构对比、教学方法对比(如课堂提问等)、时间安排对比(如各环节的时间和师生互动时间等)和教学效果对比。当然,课堂教学的对比反思的角度可因人、因课而异,一般是选取其中的某些角度进行对比研究。

(二)教学反思的基本步骤

在具体进行数学课堂教学反思时,要注意"不求全面,但求深刻"。通常可以按照如下步骤进行。

1. 写教学后记

教学后记就是把课堂上观察到的、看到的、感受到的教与学的情况详细地写出来。写教学后记是教师与自己的对话,给自我一个很好的反思空间,对教学经历做书面描述和反馈,从而激发教师对教学产生新的认识。写日志既要详细又要及时。当天的见闻必须当天记录下来,否则时间一过便印象不深,追述不全。随后想到的也应在教学后记中及时追忆下来,标明时间。行文中一定要设法把听到的话与自己的感想或评论区分开来。教学后记主要记课前准备的一些感受、课堂教学的成功之处或不足之处,如检查教案的编写是否符合学生的认知规律,教法的运用是否妥当,教学过程的展开是否宽严有序,课堂用语、板书是否有错,教学氛围是否融洽,教学目的是否达到等。也可以记一点学生"教"教师的收获,如自己未考虑到的某题的解法、摘抄一点学生作业中的优秀解法与典型错误,以便及时改进教学,不断提高自己的教学能力。教学后记对初次上课的实习生来说显得更重要,这是加速提高自己业务水平的有效方法。

2. 评析交流

听课结束后,首先由主讲人做简单的自我分析,然后听课人各抒己见、讨论、评议,最后由主持人做总结。一般主要围绕以下方面进行讨论。

(1)教学目标是否明确、达到。包括知识、能力、思想教育目标应明确、恰当,教学目标应面向全体学生。

(2)教材处理是否科学。包括准确确定教学重点与难点,训练项目落实到位,增加、删、改、换内容恰当。

(3)教学程序安排是否合理。包括教学环节的组织联系性强、环环相扣、合理有序,时间分配恰当,不拖堂;教学程序符合学生的认识和发展规律;反馈及时,调控能力强。

(4)教学方法的选择和组合是否科学。包括教学方法灵活多样,能吸引学生参与;重点突出,以点带面,突破难点方法得当;启发和思维有机协调,善于引导,注重培养学生的学习习惯和能力。

(5)教学气氛是否融洽。包括师生关系和谐平等,课堂气氛活跃;教学手段方面能恰当选择、熟练运用多媒体,效果良好;师生友好交流与合作。

(6)学生的参与状态是否理想。包括学生听讲、讨论中注意力集中;积极参与教学活动(提问、讨论和练习)的面广;自主活动能力强,态度认真。

(7)学生的情绪状态是否良好。包括学生对教学内容感兴趣、学习气氛浓厚;大部分学生都能体会到学习成功的乐趣;课堂纪律良好,学生情绪稳定。

(8)学生的思维是否积极。包括学生能积极思考问题;能主动提出问题、思维灵活,善于联想、大胆探索、勇于辩论,解决问题中有创新之处。

(9)教学效果是否良好。包括顺利完成教学任务,各类学生达到既定的目标,都有所提高;学生口头、书面的练习正确率高;数学思想得到渗透,学习方法教育效果好;少时高效达到现有条件下的最优化。

(10)教师的素质是否良好。包括教态自然和蔼,板书规范醒目,语言准确生动,应变能力强。

课后评析要注意因人而异,对于教学能力强的教师,应善于发现他的教学特点,并从理论上加以提高,希望逐步形成个人的教学风格。对教学能力一般的教师,应重在提出建议和改进教学的具体方法,使他能真正得到收获。对于新教师和实习生,在严格要求的同时应满腔热情地帮助他们,介绍经验、谈体会、提供资料让他们在摸索中成熟,在前进中尝到成功的快乐。

(三)教学反思的撰写

撰写教学反思时,应围绕自己感兴趣的反思问题,结合评析交流中指导教师和实习同学的意见建议,并分析教师的教学和学生的课堂反应。结合在交流评析活动中的"心路历程",形成每节课的反思报告。最后给出改进的方案,若有可能,还应将改进的方案付诸课堂行动,以求课堂教学更完善。

【案例 4-3-1】 "用字母表示数"教学反思

"用字母表示数"是初中七年级上册第四章"代数式"的第一节课,以下是我上课后的感想。

(1)本节课的基本过程回顾。首先通过大量案例让学生在实际情景中感知用字母表示数的简便之处,教师提问"唱不完能用一句话来表示吗?",让学生提出各种表示方法,通过比较各种方法,感受到用字母表示数的优越性。教师再通过用字母表示各种运算律,同时与用文字表示进行比较,进一步感受用字母表示数的优越性,在此过程中学会用字母表示数。接着教师通过具体的例子让学生写一写,强调各种书写规范。"想一想"是对本节课知识的一个提升,加深学生对用字母表示的数的理解。最后一个环节"同桌合作"充分调动学生的学习积极性,也是学生自己对本节课知识点的一个总结。

(2)本节课的优点。课堂各环节设置注重层次性,既关注每位学生的发展,也让学有余力的学生有发展的空间,同时又注重给予学生适当的思考和发挥空间,使课堂处于一种活跃的状态。课堂中为什么学、怎么学、学得怎么样这三块落实较好。

(3)本节课的不足与改进。各种运算律请学生上台书写这一环节是否放到强调书写规范之后,对于前面学生板书的错误,先前不加处理会使某些注意力不集中的学生产生误解,并且在前面错误的板书旁边修改又造成板书混乱。结尾收集的学生的成果都是错误的,不是很好,这样会让人感觉本节课的知识点没有落到实处。教师可以在展示正确的成果的基础上,强调不要出现某些错误,或以正确的为主,投影一两个错误的案例。(温州大

学 2020 级应数洪××）

【案例 4-3-2】 "总体百分位数的估计"教学反思

优点：（1）通过解决实际问题，学生理解了百分位数的含义，学会了用样本百分位数估计总体百分位数的方法；（2）学生运用类比、由特殊到一般等数学思想方法探究问题，经历了数据分析的基本过程，体会样本估计总体的统计思想，提升了数学核心素养；（3）课堂以学生为主体，不断通过问题来引导学生思考，学生积极参与，非常活跃，热情很高，课堂进行得很流畅。

缺点：（1）怕上课时间有剩余，因此在例题选择时有些许题目考查内容重复；（2）由频率分布直方图求百分位数时，个人觉得方程思想简单，过于强调该方法，没有从定义出发将另一种方法讲到位。（温州大学 2020 级应数陈×）

总之，教学反思是教师专业发展和自我成长的核心因素，实习生的反思能力决定着他今后的教育教学实践能力和在工作中开展研究的能力。通过反思，实习生才能不断更新教学观念，改善教学行为，提升教学水平。

二、评课

评课是根据一定的标准对课堂教学进行分析、评议，指出成败得失，认定其优劣的教学研究活动。在教育实践期间，师范生之间要经常性地参加评课活动，就是对指导教师的课堂教学、师范生的课堂教学（包括试讲）发表自己的看法和观点。评课的方式主要是召开评议会，由执教者、评课者和听课者参加。评议会集群体智慧，发现教学中的优缺点，使执教者总结经验教训，努力掌握课堂教学的基本原则、基本规律和基本方式，更上一层楼；使听课人有所启迪和借鉴，取长补短，存优汰劣，提高教学能力和教学水平；对于参加评议会的师范生来说，则是进一步检查听课前备课、试讲的一面镜子和校正尺。

（一）评课的程序

评课通常用评议会的方式进行，其一般程序为：

（1）主持人宣布评议会的目的、要求、方式和注意事项。

（2）由执教者进行介绍和分析。概括介绍课堂设计的思路和依据，以及课堂教学中的实施情况，自我分析成败之处及其原因、经验教训和收获体会。

（3）由到会者进行评议。到会者根据评议的目的，围绕评议的内容和标准，结合授课者的自我分析和听课记录，充分发表自己的见解。评议时，要运用教育学原理，对其优点进行肯定，对存在的问题和不足进行认真的分析。要抓住本质和重点问题，力戒抽象泛议；要讲原则、讲事实，不能只照顾情绪，用"蜻蜓点水"式，不痒不疼；要以诚恳言语使听者心服，气氛严肃而和睦，既要防止授课者"垂头丧气"，不利于调动积极性，又要防止执教者"飘飘然"，不利于继续提高；要在分析成绩和问题的基础上提出继续努力的方向和改进建议。到会者的评议可以事先确定一个或多个主评人，由主评人先点评，其他参会者补充。

（4）进行专题讨论。对于一些带有普遍性的问题或者在评议中有争议的问题，应组织专题讨论。讨论中要抓住问题的本质，各抒己见，达成共识，防止就事论事。如果时间紧，专题讨论也可在会后进行。

(5)执教者对到会者的评议表明态度。授课者应该正确对待评议者提出的各种意见和建议,采取"有则改之,无则加勉"的态度,多考虑自己的不足之处,不计较评议人的语言和态度,在评议时应该做好记录,并谈谈通过评议会所取得的主要收获和体会,以及下一步的打算。

(6)由主持人进行小结。主持人要对执教者的自我分析和到会者的意见进行综合概括性小结,归纳主要的成绩和问题,指出努力的方向。

评课时要及时撰写听课记录与评课意见,有两种基本形式,一是边听边评:听课的同时就对教学各环节进行及时的判断、评价,并在听课本的相应教学环节处写出评价意见;二是听后总评:听课后从整体上对课进行判断、评价,并综合地写出评价意见。

(二)评课的内容和要求

客观描述＋理论依据＋主观判断＝评价。评价课堂教学要抓住共性问题和问题的主要方面,主要评价课程理念、教学目标、教学内容、教学程序、教学方法、学生活动、教师素养、教学效果等多个方面。构成教学的各个要素就成为我们评课的主导内容。

(1)评教学目标。数学教学是一个师生围绕既定目标而进行的双边活动。教师为目标教,学生为目标学,教学目标是教学活动的出发点和归宿地。在新课程背景下,教学目标包含"知识与技能、过程与方法、情感态度与价值观"的三维结构。具体点评有:知识与技能的目标是否清晰,所用的行为动词是否准确无误;过程与方法的目标是否恰当,所用的行为动词是否针对学生实际;情感态度与价值观的目标是否具体,所用的行为动词是否恰到好处;目标设计是否全面,"三维目标"的整合是否自然和谐。

(2)评教学内容。教学内容是评课的主要依据。教学内容既要考虑学生的实际,也不能忽视数学自身的内部结构及与其他学科知识的整合。课堂教学内容包括教材内容的选择,知识的发生发展过程,例题、课堂练习、作业的选配,教学重难点的处理,课堂教学的反馈与小结,教材中对培养学生数学思想方法、数学价值观教育的挖掘等。对教学内容的具体点评有:教师传授的知识是否具有科学性、思想性、教育性;教学内容是否客观现实,深浅度是否符合学生实际;内容分量是否适中;是否创造性地使用教材;例题、习题、作业的选配是否合理;内容安排上是否突出重点、突破难点;教学信息反馈是否及时;是否围绕教学目标,反映教学目标;是否揭示获取知识的思维过程,点拨认识误区;是否根据课堂实际情况进行灵活调整;课堂小结是否画龙点睛,等等。

(3)评教学程序。教学目标能否实现要看教师教学程序的设计和运作。因此,评课就必须对教学程序做出评析。一要看教学思路设计,主要看教学思路设计是否符合教学内容和学生实际,教学思路的层次、脉络是不是清晰,课堂整体设计是否既重视双基夯实又重视能力培养,是否有独创性,能否给学生以新鲜感;二是看课堂结构安排,导入新课是否具有趣味性、思考性、探索性,教学层次安排是否符合认知规律,各教学环节是否依据知识和思维线索自然过渡,教学难度、密度的安排是否科学,是否留给学生独立思考的时间与空间,教学时间分配是否合理,等等。

（4）评教学方法。评价教学方法的主要内容有：教师采取的教学方法与教学内容、学生的实际是否相符；是否灵活采用丰富的教学方法；是否启发学生积极主动地思考，激发学生的求知欲，发展学生的数学能力；是否服从学生的认知心理发展规律；是否由浅入深、循序渐进；是否创造宽松、愉快的学习情境；是否创设真实情景，启发学生思考；是否有规范的板书；是否有教学方法的创新，对培养学生创新能力、课堂教学模式的构建等方面是否有独到之处；是否恰当地使用多媒体辅助教学手段，能否从教学的实际需要出发，做到适时、适当使用，解决传统教学手段难以解决的问题。

（5）评学生活动。新课程背景下，评课已经发生了巨大转向，由传统的以教论教，转换为以学论教。评课要特别关注学生的学，主要观察学生学习中的四种状态。①参与状态：看学生是否全员参与，参与的面有多大。②交往状态：课堂上是否有多向信息联系与反馈，人际交往是否有良好的合作氛围。③思维状态：看学生是否具有问题意识，敢于发现问题、提出问题，发表自己的见解；看学生提出的问题是否有价值，探究问题是否积极主动，是否具有独创性。④情绪状态：看学生是否有适度的紧张感和愉悦感，能否自我调控学习情绪。

（6）评教学效果。教学效果是衡量课堂教学是否成功的标准，评课应从师生双方的收获来看一堂课的教学实效。评价教学效果可以关注以下几个方面：是否在规定时间内完成教学任务；是否实现了教学目标要求；学生能否选择有效的学习方式来获取本节课所学知识，逐步学会学习，是否掌握了思考问题的一般方法并加以运用；学生是否建立了知识之间的内在联系，正确理解和把握了数学知识的结构、体系；学生能否恰当地运用数学语言进行表达和交流，能否运用所学知识、技能分析解决问题；是否体现数学的人文价值，充分发挥数学的育人功能；是否让大多数学生享受到成功的喜悦，学生的个性与潜能是否得到发展挖掘。

（7）评教师素养。评价内容主要有：课堂教学中是否关注学生在学习过程中的情感体验；教师是否具备较强的教学应变能力，能否机智处理教学中不曾预料的问题；教师是否具备宽厚扎实的数学专业知识，教学各环节过渡是否自然，能否流畅完整地解答学生提出的课堂疑问；教师的课堂语言是否准确生动，富有感染力和幽默感；是否语速快慢适度，语调高低适宜，抑扬顿挫，无废话和口误；板书是否布局合理、格式规范、设计层次分明、条理清晰、书写流利工整，画图是否准确精美；教态是否自然亲切、精神饱满、态度热情、仪表端庄、举止从容，表情配合讲解变化是否生动、富有感染力；是否尽量面向全体学生，与学生眼神交流是否广泛；教师是否能熟练操作运用各种教具以及现代化教学设备。

根据上述评课的内容与要求，评一节课可以先对上课的过程做简单回顾，再对课的结构进行整体把握，然后从整体到细节，看细节是如何为整体服务的，最后指出不足，提供建设性的意见。

上述评价的内容和要求，具体参看表 4-3-1。

表 4-3-1　中学课堂教学水平评价表

指标及权重		分值	得分
教师素质技能 (0.20)	教态自然、大方、亲切	5	
	能有效组织学生开展合作、探究、自主学习活动	5	
	语言表达准确、清楚、有感染力,综合素质好	5	
	书写熟练、规范	2	
	使用教具、设备等熟练、规范	3	
教学设计实施 (0.40)	目标准确、全面,符合课程标准要求,切合学生实际	5	
	教学内容把握深浅适度、简单明了、有一定弹性	5	
	重点突出充分,难点突破巧妙	5	
	创设情境,在情境中教学,在情境中生发	5	
	教学方法生动有趣、灵活多样、富有实效	5	
	针对学生差异和当堂反应,因材施教,因人施导	5	
	注重指导学法,突出培养能力,突出启发创新思维	5	
	学生的学习成果得到充分展示,互评互改友善而高效	5	
教学效果 (0.30)	学生参与面大,积极性高,学习兴趣浓厚	10	
	教学效率高,质量好,80%～90%以上的学生达到基本目标	10	
	学生的综合素质得到全面发展	5	
	学生的良好个性得到张扬和发展	5	
风格创新 (0.10)	教学有自己的风格	5	
	教学设计和实施有一定的创造性	5	
简要评语		总分	
		等级	

(三)评课的注意事项

评课要以正面评价、激励评价为主。同时,善意地指出问题,补充具体改进意见。评课氛围要民主、平等、和谐、学术,语言要准确、友好。对新教师和青年教师,要多保护、多鼓励、多指导;对老教师要尊重、多留面子。

为了实现评课的目的,要讲究评课的方法和技巧。为此应注意以下事项:

(1)树立评课就是学习的观念。每一次评课就是大家在数学教学认识上的思想碰撞和心灵对话,是一次学习和锻炼的机会,可以学习数学教学的实践知识,可以学习数学教学的理论知识,可以锻炼语言表达能力和与人交流的能力。因此,在每次评议时,实习生应该有所准备,而不是随意性地谈谈自己的感想,对于应该从哪些方面、哪个角度评议,可以做些准备,比如针对教学情况列个评议提纲。同时,准备好纸和笔,将一些重要的和有启发性的内容记录下来,评议之后还可以进一步思考,从而通过评议可以学到一些实实在在的东西。

(2)评课目的是助力师范生成长。在评议时要做到有褒有贬,不能只说问题和不足,这样难免会使被评议者产生挫折感、失败感,对其后继的实习产生消极的影响;也不能只说优点和长处,这样会使被评议的学生产生自满的情绪,会有点飘飘然,会认为自己了不起。评课应言真意切地指出其问题,挖掘其优点,切实帮助每一位实习生在数学教学上不断地成长。

(3)重视评课效果。为了保证评议效果,在开展评议活动时,可以邀请指导教师或带队教师参加,一是因为他们积累了丰富的教学经验,有关的评议可能更加准确到位,从他们的评议中可以认识自己真实的教学情况,他们的评议更具有权威性、说服力;二是他们往往站得高看得远,可以对评议活动进行总结和评论,起到画龙点睛的作用。另外,课堂教学能否成功的因素是多方面的,执教者的起点、执教班级的班风班纪、教学内容的难度、教学时间的安排、学生的基础等都是影响课堂教学的客观因素,评课时应该考虑。

评课要善于捕捉课的闪光点。可以闪光的部分,有的张扬,有的含蓄。捕捉含蓄的部分,更需要智慧。

【案例 4-3-3】 反比例函数的图象与性质

1.课堂教学片段回顾

师:我们已经认识了反比例函数 $y = k/x (k \neq 0)$,那么反比例函数的图象是怎么样的呢?

师:请同学们结合已有的函数知识,画出反比例函数 $y = 6/x$ 的图象。

学生们足足画了 8 分钟,画出的函数图象主要有以下的直线型或折线型等(图 4-3-1 至图 4-3-3)。

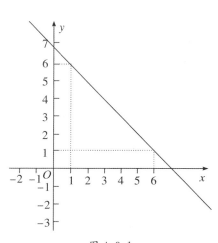

图 4-3-1

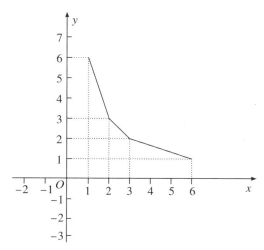

图 4-3-2

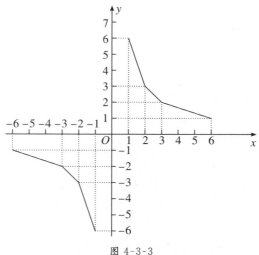

图 4-3-3

师:同学们都画出了反比例函数 $y=6/x$ 的图象,你们认为自己画的图象正确吗?请大家一起谈谈自己的想法。

生 a(指着图 4-3-1):这个图象不对,因为反比例函数中 $x≠0$,而图象中 x 可以为 0。

师:说得好,反比例函数的图象与 y 轴不可能有交点。

生 b:通过看图 4-3-2、图 4-3-3,我感到函数 $y=6/x$ 的图象不是直线。

师:函数 $y=6/x$ 的图象不是直线?

生 b:是的,我是这样做的:先把图形放大,并在 2 和 3 之间取 $x=2.2$、2.4、2.6、2.8 再描点,连线后发现,这些点不在同一条直线上。

师:你太棒了,那该是什么线?

生 c:应该是一条曲线。

师:你怎么知道?

生 c:根据同学 b 的方法,(2,3)和(3,2)两点之间的连线自然应该弯曲过来。

师:是的,函数 $y=6/x$ 的图象不是直线,而是一条弯曲的曲线……

生 d:从图 4-3-3 可知,x 的值既可以取正数,也可以取负数,如 -1、-2、……,但 $x≠0$,所以,它的图象是分开的两部分。

师:很好,你的发现说明函数 $y=6/x$ 的图象有一部分在第一象限,还有一部分在第三象限。

生 e:函数 $y=6/x$ 的图象不是直线,不能只取两点,我认为列一个表格比较合理。

生 f:表格中,$x≠0$,但 x 可以取一对相反数。

生 g:如果 x 是 $1000…000$,$-1000…000$,或 $0.000…0001$,$-0.000…0001$,那么点越来越靠近 y 轴,但不会与 y 轴相交。

师:现在,大家明白自己开始画的图象为什么错了吗?……请大家结合上述评议,重新画一下函数 $y=6/x$ 的图象。然后,再自选 2 个具体的反比例函数,并画出图象;最后,请描述函数 $y=k/x(k≠0)$ 的图象,并思考其性质。

......

以上教学环节差不多用了半个小时,不久下课的铃响了,老师预先准备的一些教学任务没有完成。

2. 评课

以上是"反比例函数的图象与性质"公开课前30分钟的教学片段。有些老师认为,本节课的教学可以这样:先通过2个具体的一次函数来复习一次函数的图象与性质;然后给出2个具体的反比例函数,师生共同操作作出其图象,指出其性质;最后,归纳一般的反比例函数的图象与性质,通常是直接告诉学生,像这样用光滑曲线连接而成的反比例函数图象叫双曲线,至于什么是光滑曲线,其实很多学生并没有真正弄清楚。而上述教学片段的这位老师,在课一开始便让学生自己尝试去作反比例函数 $y=k/x$ 的图象,并利用学生所作的一些错误图象,让学生充分观察、讨论,足足用了近30分钟完成一般只要10分钟就可以把反比例函数图象讲完的内容,从而导致这节课的教学任务没能完成。因此,在场听课的许多老师都认为这节课很失败。那么,上述课果真很失败吗? 一堂课的成功与否,是否仅仅看教学任务是不是完成了?

数学教育家波利亚说过:"学习任何知识的最佳途径是自己去发现,因为这种发现理解最深刻。"一堂课的好坏主要看"学生参与度"、"知识的展示度"和"过程的有效度"等指标。对于这堂课,首先,老师善于暴露学生的思维。他一开始便给学生较充裕的时间自己尝试作出一个具体的反比例函数的图象,学生作出了许多错误的图象,比如学生用画直线的方法去画反比例函数 $y=6/x$ 的图象,这恰恰反映了学生尝试利用已有的画一次函数图象和折线型统计图知识来解决新问题,而教师抓住了学生的几个典型"错误",紧紧围绕反比例函数图象该怎么画,有何特征,引导学生深度探索,师生在讨论辨析中思想碰撞,从错误中发现了真理。其次,老师有效地突破了教学难点。函数的研究是初中数学学习的难点,尤其是在仅有一次函数学习的认知前提下,仅凭老师讲解,学生是很难理解反比例函数的图象的。老师抓住学生的错误,激发学生的求真心理,引导学生从不同的角度观察、分析图象,辨析其中的合理与不合理,让学生在画中知错,错中修正,修中明晰。知识与方法,如鱼水相融,浑然天成,从而使学生掌握了研究函数的基本方法,难点得以突破。最后,老师充分利用了课堂生成。比如学生b"把图形放大,在2和3之间取 $x=2.2$、2.4、2.6、2.8再描点,非常直观地看出函数 $y=6/x$ 的图象不是直线"这一做法,课内老师若不给予学生充分地表达想法的机会,仅凭老师告知图象是曲线,那是多么的无趣啊!

总之,这节课因为充分放手让学生深入探究,学生在交流讨论中学会了数学研究的基本方法,因此仍然可以认为是一堂好课。

【案例4-3-4】 实习公开课"幂函数"评课

这是我实习的最后一节课,也是代表实习点开的一节公开课。本节课的课题是幂函数,授课对象为温州中学高一(12)班学生。

本节课的教学过程是这样的:先用 $y=a^x(a>1$ 且 $a\neq1)$ 这个函数切入主题,发现这个函数的结构特点是底数是个常数,指数一个变量,然后引导学生展开想象,如果交换底数和指数,就出现了另一番局面——$y=x^a$,先指出这个式子代表的确实是一个函数,其次问学生是否见过这样的函数,然后再从五个实际问题中创设情景,建立五个具体的幂函数,并逐步深入地提出问题,构建幂函数的概念,使学生把幂函数作为一个函数模型来学习;学习幂函数概念后,引导学生类比研究指数函数和对数函数的性质,给出研究幂函数性质的思路。学生很自然会从函数图象入手去研究性质,针对指数分别为 1、2、3、-1 和 1/2 这五个具体的幂函数,根据函数解析式,引导学生发现函数的定义域、值域和奇偶性,采用描点法在同一坐标系中画出函数图象,结合图象概括这五个具体函数的其他性质;在此基础上,结合几何画板演示,引发学生思考一般幂函数的性质,初步形成对各类幂函数的图象草图和性质的认识。

本节课教学优点在于:

(1)创设的情境以学生的"最近发展区"为立足点,重在思维的启发和引导——把底数和指数位置作一下交换马上就产生新的函数,这种新的观点和思维方式无异于"一出好戏"给人的刺激。

(2)这节课始终把学生作为课堂的主体,而教师作为主导。好的数学老师在课堂上只需把学生的反馈信息收集起来,然后进行总结、补充、点评再反馈给学生就可以了。例如,在说明为什么只研究指数分别为 1、2、3、-1 和 1/2 这五个具体的幂函数时,我采用的方法是先让学生明白幂函数不简单的原因——随着指数的变化,相应的幂函数的定义域也会随之变化,这就会给我们的研究带来困难,然后问学生该怎么办? 一些思维活跃的学生指出可以研究几个典型的、具有代表性的函数来"管中窥豹",说得多好呀! 因此,好的数学课堂一定要跟学生"有商有量",不能"一手包办",把学生的思维禁锢和限制了。

(3)渗透数学方法论的教学。幂函数是在学生系统学习了指数函数和对数函数的基础上给出的另一种重要的函数模型,因此本节课有必要将研究函数的方法做一总结,"授之以渔",着眼于学生今后的发展。为此,本节课我设计了这么一个环节,课堂反应相当热烈。"我们说,拿到一个陌生的函数,我们最关心的是它的——性质,研究函数的性质紧跟着带来两个问题——研究角度(研究函数的什么性质)和研究方法(图象够直观,代数能入微,即"数形结合")"。有了上面的铺垫,然后再询问学生,函数的性质打算怎么研究,学生的思维便一下子被激活了。

(4)现代教育技术的运用:在探究一般幂函数的性质时,采用几何画板进行动态演示,增强教学的直观性,使学生感性地认识到图形的形状特点和变化趋势。同时引起学生的兴趣,提高教学效率,达到事半功倍的效果。

本节课有待改进的地方:

(1)例题的层次性开发不足,"一题多解"的理念没有运用到位;题目解决中蕴含的思想方法没有及时进行拓展和总结。

(2)学生反馈给你的信息,要做及时点评和鼓励,应对要灵活机动。

(3)上课的激情和感染力,肢体语言等均已有很大进步,但声音的跌宕起伏还需再努力,语言的规范性尚待改进。

这次公开课给我最大的感受就是,一节成功的数学公开课应该具备"新""趣""活""实""美"的特点。新:理念新、思路新、手段新;趣:引发兴趣、保持兴趣、提高兴趣;活:教法灵活、教材用活、学生学活;实:内容充实、训练扎实、目标落实;美:语言美、教风美、板书美。

其实一节好的数学课也应该如此,"如切如磋,如琢如磨",需要我们不断进行反思和钻研,孜孜以求,去打造属于我们的数学精品课堂。(温州大学2009级应数祢××)

三、教育调查研究

收集资料(包括数据)、了解情况就是调查;整理、分析资料就是研究。调查研究是一种采用一定的程序和手段,有目的、有计划地搜集所研究对象的有关资料,通过整理、分析,从而了解实际情况,揭示事物的本质和规律,提出解决问题方案的研究方法。教育实习期间,实习生通过教育调查研究,培养教育科研意识,提高教育科研的能力,进一步认识教育教学的规律,为今后从事教育研究打下基础。

教育实习期间的教育调查具有一定的特殊性,一般被安排在教育实习的中后期,可以小组合作完成教育调查任务。由于教育调查时间有限,实习生教育调查的范围也会受到一定的限制,实习期间所做的教育调查报告也会不同于一般的教育学术研究。因此,实习生在教育调查时应主要就实习学校实习中的某一方面展开调查,重点是解决教育教学工作中遇到的一些问题,让实习生学会如何设计调查方案和撰写教育调查研究报告,掌握教育调查研究的基本方法。

一个完整的教育调查研究大致可以分为四个阶段:准备阶段(确定调查研究主题,选择调查对象)、设计阶段(确定调查方法,拟定问卷或访谈提纲等)、实施阶段(确定调查的步骤、日程以及人员安排等)、总结阶段(整理、分析数据,形成调查报告)。以下说明教育调查研究的一般过程与基本方法。

(一)调查的准备

调查的准备包括确定研究课题、选择研究对象、查阅相关文献和拟定研究方案等环节。

1. 确定研究课题

研究课题的确定是进行教育研究的第一步,也是关键性的一步,它不仅决定着研究的方向、目标与内容,而且在一定程度上决定了研究的主要方法和途径。

在教育实习中,调查研究对象一般有四方面的来源:实习学校、中小学学生、中小学教师、师范生。教育调查研究的内容包括:调查研究实习学校的基本情况、历史和现状;优秀教师和班主任的先进事迹、教书育人经验;数学教师的教学方法和教改经验;中学生的心理、生理特点,学习态度与方法、知识结构、智力水平与政治思想品德状况;数学新课程改革的实施情况等。

在确定选题时,有必要先判断研究课题的适恰性。一般来说,可以从研究是否有意义

(是否符合现实教育的实践需要,是否能促进自我的学习与发展)、是否可行、问题界定是否明确三个方面进行。

2.选择研究对象和查阅相关文献

研究课题确定之后,就要选择研究对象、查阅相关文献,直至拟定研究方案。

选择调查对象时,要考虑以下几个问题:第一,调查对象应该全面,以便能从多角度搜集材料。第二,调查对象应该具有较强的代表性,能够有效地代表调查对象总体。第三,调查对象的数量要合理。在多数情况下,所选调查对象的数量(样本)不能小于调查对象总体的10%。第四,应该尽量选择容易沟通、便于合作和信任度较高的调查对象。

在确定课题后,应该初步查阅相关的书籍资料,确定研究的范围与方法、步骤。查阅文献可以了解所研究课题的历史与现状、研究程度及他人的研究成果和研究方法。此外,大量的文献信息还为课题研究提供了理论证据。

3.拟定研究方案

研究课题确定之后,则要开始拟定研究方案。研究方案是对某一研究课题从提出问题、实施课题到全面完成课题这一动态过程的系统、具体的设计安排。因此,它是研究的施工蓝图和工作计划。

一般来说,研究方案主要考虑课题的依据,研究的目标,研究的内容和对象,研究的步骤及进度,研究的策略与方法,研究的时间、人力与物力保障等。

【**案例4-3-5**】 "中学数学好课的特征及其比较研究"调查准备阶段

怎样的中学数学课堂才是"好课"? 在不同时期,中学数学好课的特征也有所不同。基础教育的新课程改革正在进行,中学数学好课特征也在变化。新课程理念下的好课特征与传统教学的好课特征存在着共同点,同时也存在着差异。结合对中学生和师范生关于中学数学好课的调查研究,分析得出新课程理念下的中学数学好课特征。

初步拟定针对中学生和师范生调查的问题,进行对比研究。

你认为中学数学好课的标准是什么? 请按主次排序:(1)创设课堂情境,激发学生的学习兴趣;(2)灵活运用多种教学方法(讲授法、讨论法等);(3)教师语言清晰,板书规范,基本功扎实;(4)师生关系融洽,课堂气氛活跃;(5)能充分有效地利用课堂时间;(6)符合课程标准要求和学生实际的程度;(7)善于组织学生,进行合作学习;(8)善于引导学生,进行自主探究学习;(9)讲解条理清晰,逻辑性强;(10)注意个体差异,做到因材施教。

中学数学好课的特征及比较研究

(二)调查的设计

1.编制问卷的主要步骤

问卷的设计和编制是问卷调查的关键环节。设计一份问卷,主要步骤如下:

(1)根据研究目的,确定需要收集哪些资料,提出哪些问题,获得哪些数据。

(2)综合考虑问题的性质、分析方法、答卷者的教育程度,确定题目类型。

(3)拟定问卷的标题和指导语。设计一份问卷,应根据调查主题确定一个标题,标题要与研究目的相符,使被调查者见到问卷后能立即明确调查的主题是什么,例如,"关于优秀数学师范本科生成长研究的调查表",让人一看就明白是针对优秀的数学师范本科生所做的调查,它可以就不同学校高年级优秀数学师范生对教师职业的认知、师范技能培养方式、数学专业功底等情况作了解。

整份问卷应有一段导语,用来说明回答问卷的基本要求,引导回答。指导语一般包含如下内容:称谓、答卷要求、注意事项、发放问卷的单位或个人、通信地址。另外,对各类型题的回答也可以设计一些导语,例如,对选择题可以这样写:"下面各题所述的观点中,你认为哪一项最符合你的想法?请将其编号填入题前的括号中。"又如,对问答题可以这样写:"下列有 5 个问题,请你回答,希望能回答得详细一点,如能举例则更好。"

(4)编写问卷题目。就内容而言,题目可以分为三个方面:一是基本事实方面的题目,如关于学生的性别、年龄、文化程度等。在这类涉及答卷者资料的问卷中,有时要求答卷者填写有关资料,供分析时参考;有时会涉及一些敏感性问题,此时可以考虑不填写个人资料。

二是有关行动方面的题目,如做了什么事、发生了什么事、如何做(发生)、频率如何等。

三是有关态度方面的题目,如看法、意见、感受、评价、动机、信仰。对于编写的题目,题意要清楚,内容要单一、具体,用词要通俗、明确。

问卷中,问题的类型可以分为选择题和问答题。例如,为了调查学生学习数学的动机,出这样的选择题:

你认为学好数学是为了(　　　)

(A)进一步的学习;(B)体现自己的才能;(C)长大后工作需要;

(D)老师父母的严格要求;(E)数学很有趣。

又如关于学生数学学习态度的问卷调查,有一个问题是:

对感兴趣的数学问题,你愿意为它花费的最多时间约为(　　　)

(A)几分钟;(B)半小时;(C)一天;(D)好几天。

选择题的回答可以是是非题,即两者选一,也可以是多个备选答案。被调查者可按调查者的要求,选其中一个或几个作为自己的回答。选择题的好处是,问题和答案明确,方便被调查者回答,也便于分析处理。但选择题也限制了被调查对象回答问题的范围,这是其缺点。

与选择题比较,对问答题的回答则更具开放性。回答者可以对问题自由理解,不受限制,便于调查者广泛、全面地了解各方面的情况,特别是自己事先未估计到的情况。例如,上面的第一个问题,可以改为:"你认为,你想学好数学的最主要的一个动机是什么?"

实际上,调查问卷中可以是纯选择题,可以是纯问答题,也可以在一份问卷中兼有以上两种类型。

(5)问卷编辑。题目编好后,就可以组合成一份问卷。指导语放在前面,然后是题目,问卷结尾还应当有对被调查者的感谢语。

2. 问卷设计的策略

在确定一份问卷所要包含的问题时,必须考虑以下几点:第一,问卷的问题应能覆盖调查内容的各个主要方面;第二,问题数量要适度,既要覆盖调查内容的各个主要方面,又不至于因为太多而使答卷人产生厌烦情绪,一般以能在 30 分钟左右答完为宜;第三,问卷中的题目都是研究课题需要的,与研究问题及假设无直接相关的问题都应删去;第四,所有问题都应在答卷者所经历或了解的范围之内;第五,尽量不要涉及禁忌的话题(如果需要,对问题要适当处理,否则难以得到真实答案);第六,要合理安排问卷结构,一般是容易回答的问题、客观性问题、人们熟悉的问题或感兴趣的问题放在前面,不易回答的问题、主观性问题、生疏的问题或枯燥的问题放在后面;第七,问卷要易于处理、分析和解释。有条件的话,可以考虑用互联网进行问卷调查,即把问卷做成网页放在互联网上,被调查者可以远程登录作答。这种方式方便快捷,数据易于收集整理。

3. 问卷的发放与回收

问卷回收是问卷调查的重要环节,如果回收问卷过少,势必影响调查结果的有效性。调查既可以是抽样调查,也可以对一定范围内的总体样本进行。例如,对全班 50 名学生作一次全面问卷调查,或对全年级的 400 名学生中的 100 名学生作抽样调查。

一般认为,如果调查的对象是教师或学生,问卷的回收率应在 80% 以上。为提高问卷的回收率,最好的发放方式有二:一是集中被调查者(如学生或教师),线下当场答卷并收回;二是线上填写调查问卷。

例如,"高中函数主题概念教学研究调查问卷",问卷调查题题型多样,有选择题和解答题,选择题中有单选题和多选题,解答题中又有封闭题和开放题,问题设计紧扣主题,题量适中。

高中函数主题概念教学研究调查问卷

(三)访谈的设计

在问卷调查与统计的过程中,常有一些疏漏的问题需要通过深入的访谈加以了解,因此,调查中往往需要引进访谈法。访谈,即研究者与研究对象面对面地交谈,通过深入交谈来了解情况、搜集资料的一种调查方法。

1. 访谈的类型

从研究对象看,可分为两种类型:对学生的访谈研究和对教师的访谈研究。

从访谈范围看,可分为个别访谈和集体访谈(即以座谈会的形式展开访谈)。

从访谈性质看,可分为三种类型:结构式访谈、非结构式访谈和半结构式访谈。

结构式访谈是把问题和过程标准化,对所有被访者都问同样的事先准备好的问题。非结构性访谈则相反,不预定访问程序,对被访者的问答没有任何限制。访谈者事先确定的仅仅是调查的目的和问题的大致内容。访谈者可以自由提问、交谈,灵活掌握,随机应变。半结构式访谈介于结构式访谈和非结构式访谈之间,通常是先问事先准备好的问题,然后比较自由地交谈。

2. 访谈的技巧

在教育研究中,访谈能否取得好的效果,很大程度上取决于访问者的素质和技巧。访谈时要注意以下问题:

(1)明确访谈的目的,事先做好各项准备工作,保证谈话围绕主题进行。

(2)应取得被访者的配合。为此,访问者应出示身份证件及介绍信,说明来意。可能的话,最好请被访者的领导或熟人引见。

(3)举止文明,言语得当,态度诚恳。

(4)带上录音设备,在征得被访者同意后进行录音,这样可以收集到完整的对话过程。对录音资料要及时整理。

(5)谈话开始时,应将调查的目的和基本要求告诉被访者,然后按照预定的程序进行。对于结构式访谈,按拟定的问卷逐一提问,准确记录。对于半结构式访谈,应把握提问顺序和提问方式,记录力求准确、完整。对于回答不满意或不够明确的地方,可以补充提问。

(6)对所提问题中涉及的概念应当熟悉,及时解释被访者的疑问。

(7)集中访谈话题,提问清晰明了。对问题不启发、不暗示,对回答不评论、不表态。不要催促或强求被访者回答。

(8)在调查报告中引用被访者的原话时,可以保留原来的语气、方言以及不通顺的句子,这样做可以让读者领略到当时的一些情景,有真实感。

【案例 4-3-6】 高中函数主题概念教学教师访谈提纲

1. 您觉得数学概念教学应该达到什么样的教学目标和教学效果?即数学概念的教学的目标及侧重点是什么?

2. 您认为应该怎样在函数有关概念教学中体现高中数学新课程标准的要求?

3. 您认为新教材和旧教材在函数这一部分内容中概念有何变化?您是否认同新教材删除了"映射"这个知识点?您在使用新教材时,是否给学生补充讲解"映射"这个知识点?您是否认同新教材把"幂函数"调整到"指数函数"之前学习?

4. 在"函数的概念及其表示"一节,对比旧教材,新教材在课前导入语中设置两个问题,引导学生运用已有知识判断 $y=x$ 与 $y=\dfrac{x^2}{x}$ 是否相同,您认为新教材在此处设置问题的目的是什么? 对您在教学中有怎样的影响?

5.您认为学生在学习函数有关概念教学时,学习障碍是什么? 如何帮助学生解决这些障碍?

6.结合普通高中数学课程标准,您认为以后该如何使用新教材的导入情境、概念形成过程、例题习题进行函数有关概念的教学?

(四)调查的分析与总结

通过问卷、访谈等途径获得调查资料后,要对它们进行整理与分析。对原始资料进行加工整理,使之系统化、条理化,是调查研究的基本任务,具体包括:将资料理顺、分类、排序;编写摘要、注释、标题、索引;编码、计数、录入。分析资料可分为定性分析和定量分析,即从本质和数量两方面揭示研究对象的真相,得出结论。

(1)定性分析。定性分析主要是用逻辑的方法,对调查资料进行思维加工,揭示出研究对象的本质和规律。主要方法有分类法、比较法、归纳法、演绎法、类比法、分析法、综合法等。

(2)定量分析。定量分析是用数学的方法(主要是统计的方法)分析数据,找出研究对象的数量特征、水平、比例、结构以及发展变化规律。基本的统计方法有数量描述、频数分析、差异分析、相关分析和趋势分析等。

(五)教育调查报告的撰写

数学教育调查报告是数学教育研究论文的一种基本形式,因此它必须满足数学教育研究论文的基本结构与基本要求。

(1)首部。主要包括论文标题、作者署名与单位、摘要与关键词。

(2)主体。这是数学教育研究论文最核心、最关键的部分。在该部分研究者会系统分析、深入论证所研究的问题,并得出一定的研究结论。论文主体部分通常包括前言、正文、结论或讨论等。

(3)尾部。包括致谢、参考文献、附录和英文摘要。

数学教育调查报告作为数学教育研究论文的一种特殊形式,它又有一些自己的独特结构与独特要求,一个完整的数学教育调查报告一般包括以下四个最基本的方面:

(1)调查课题的提出;

(2)研究对象和研究方法;

(3)调查结果与分析;

(4)讨论与建议(或研究结论与建议)。

有些数学教育调查报告根据研究需要对以上基本结构和基本内容做出了适当的简化,比如以十分简练的方式,开门见山地提出研究的背景与研究的意义及价值等,然后把调查报告的重点放在后三个方面的描述与分析上。有些数学教育调查报告对以上四个方面进行了一定的拓展与深化,比如以引言的形式提出数学教育调查的背景、目的与意义等,讨论与建议分解为讨论与结论两部分,并分别进行论述。下面我们对数学教育调查报告以上四个方面分别进行说明。

"调查课题的提出"部分主要说明本次数学教育调查的背景、目的(目标)和研究意义等。即数学教育调查主要是为了收集哪些方面的资料,主要是为了解决什么问题,数学教育调查主要具有哪些方面的理论价值与实践价值等。撰写数学教育调查报告时,一般以数学教育调查课题的提出或引言等形式,直截了当地提出数学教育调查课题,数学教育调查课题的表述要简洁、清晰、明确,理论价值与实践价值的分析要客观、公正,实事求是。

"研究对象和研究方法"部分主要应说明的问题是:根据调查方法与调查对象确立的基本要求,本调查是如何确定研究方法的,具体用到哪些研究方法,本调查是如何确定研究对象的,并对研究对象的数量及分布情况等基本特征进行一定的描述。具体的调查研究过程是如何进行的,主要产生了哪些调查材料,并对其进行一定的统计、归纳及概括,为接下来的调查结果分析做好准备。

在"调查结果与分析"部分,主要是基于先前的数学教育调查收集的各种材料、各种数据,运用相应的分析方法,剖析其蕴含的研究意义与研究价值,并在此基础上得出调查的基本结论。调查材料与调查数据的分析、解释与研究结论的呈现等应该兼顾以下基本要求:科学性、合理性与全面性,伦理性与保密性。

在"讨论与建议"部分,主要是基于此前的数据统计与材料分析,明确、简洁地提出本调查的基本观点与基本思想,并针对调查中发现的数学教育中存在的问题,提出一定的改进建议与意见。一般情况讨论与建议可以合二为一,在进行讨论的同时,根据讨论的结果(即本研究的基本观点)提出改进建议,讨论与建议也可以一分为二,分成讨论部分与建议部分单独进行。在这里要注意的是:①讨论应完全基于对调查材料科学、全面的分析,即本调查的基本结论、基本观点是完全根据调查研究的材料以及统计数据得出的,是科学的、全面的、深刻的,也是合情合理的、完全令人信服的,同时又是简洁的、明确的、清晰的。另外,得出研究结论的时候要注意措辞,要掌握分寸,说话要留有一定余地,这也是对研究结论的科学性与全面性要求的表现。②针对调查的基本结论提出的建议与意见要具体、明确、简洁、中肯、合理、切实可行。

有些数学教育调查报告还涉及对研究过程、研究结论的讨论、反思与评价,或在此基础上提出进一步研究的问题,等等。对数学教育调查的过程等的反思要采取实事求是的科学态度,对研究过程与研究方法等的合理性和优越性以及研究结论的合理性要进行恰如其分的分析,对研究中可能存在的问题及不足,比如研究方法或研究对象选择上的局限性等进行深入、全面的分析。

关于初中生理想的数学老师的调查研究　　高中数学必修教材应用与建模教学调查

四、教研工作报告

教育实习的教研工作报告,一般从教研意识与教研态度、听评课情况、说课、公开课情况、参与或组织实习学校校本课程开发案例分析、教育调查或行动研究情况等方面进行撰写。其中主要是听评课的情况。以下是实习生教研工作报告案例。

【案例4-3-7】 教研工作报告:道阻且长,行则将至

在××中学实习的两个多月中,我听取了七年级段多位不同数学老师的课,参与过一次由特级教师叶老师引领的磨课活动,同时,我也抓住机会,共上过5次新课以及4次习题课。

一、从听课中汲取营养

听四位不同风格老师的课让我受益匪浅。在我的教学指导师贾老师身上,我学到了:①老教师上课的沉稳,课堂气氛较好,纪律非常好;②给予学生充分的思考空间,不能牵着学生走;③教学设计要经过无数次的打磨,每一个点都要深思熟虑;④例题选择有深度、有层次;⑤讲评课需要设计,不能按照试题顺序,一题一题讲。从陈老师身上我学到了上课节奏的把控、提问的技巧,以及如何摸透学生的上课心理状况。从年轻老师夏老师身上,我学到了课堂纪律管理的技巧,以及如何让优等生得到更好的发展。从不同的老师身上,我都得到了不同的收获,我也深刻体会到听课是一位师范生成长的最佳途径。

二、从磨课中听取高观

本次教研公开课张老师上的课题为"反比例函数"。她从正比例函数开始,从函数学习的模式出发,为我们展示了一节完美的大单元教学设计下的"反比例函数"课。在我们眼中这一节课堪称完美。特级教师叶老师的评课让我们深知自身知识储备的不足,比如引入部分太过注重正比例函数,时间把控不好,而失去了对反比例关系本质的深入挖掘。叶老师的评课也让我更加理解了上好一节课的不容易,更加明白了中学教材研读的重要性。

三、从上课中知晓不足

本次实习只有不多的几次上课机会,因此对于每次上课机会我都倍加珍惜。对于每堂课的教学设计我都做了多次打磨,希望能在课堂中有较好的表现。但在实际上课中,我深刻知晓了自己身上的不足:①语言匮乏,难以调动学生课堂积极性;②课堂纪律管理方面显得有些力不从心;③课堂中没有很好体现自己的教学设计;④课堂节奏太快,尤其是新知引入和讲述部分;⑤例题设计有点混乱,没有体现层次感;⑥随机应变能力较差,有时难以理解学生的想法。从上课中,我深刻感受到目前的我还无法站稳讲台。

本次实习中的教研活动,让我深知自己距离一名合格的数学老师还有很长一段路要走,但我不会气馁,我坚信:道阻且长,行则将至。(温州大学2020级应数杨××)

实习生教研工作报告案例

第四节 班主任工作实习

班主任工作实习是教育实习的一项重要工作。教育实习的班级管理工作包括日常管理、主题班会、团队活动、课外活动、家访与特殊学生教育等工作,实习生要从中学习优秀班主任的先进经验和工作方法,熟悉德育的一般过程、基本原理及其规律,掌握班级管理的技能和方法。

一、班主任工作实习的内容与要求

(一)班主任工作实习的主要内容

中学班主任工作内容多而丰富,教育实习由于时间局限,一般来说要做好以下工作:①听取指导班主任介绍班级及学生情况;查阅学生学籍档案,了解学生。②参加实习班级的欢迎会,实习班主任作简要的讲话,备好讲话稿。③了解实习学校对班主任的工作要求,了解原班主任工作计划,在此基础上制订实习班主任工作计划,呈交指导班主任审批。④听取实习学校优秀班主任介绍工作经验和工作方法。观摩指导班主任的日常班级管理及班级活动,虚心主动地向指导班主任请教。⑤参加或组织学生干部会,讨论、研究班级工作,召开学生小型座谈会,以了解班级情况。⑥查阅学生的作业、周记、教室日志,从中了解情况,发现问题,一起讨论研究解决问题的方法;利用空余时间,下班接触学生,观察、了解和认识他们,初步掌握他们的思想、学习、兴趣、爱好等。⑦参加学生早操、早读、课间操、劳动、文体活动及其他集体活动,负责各种活动的组织与指导。⑧做好班主任日常管理工作,协助指导班主任开好每周的班会。实习期间,至少组织一次主题班会。⑨对个别学生进行思想政治教育。对一些学生进行家访,与家长一起共同做好学生的教育工作。⑩实习结束前,向指导班主任、学生干部和全班学生征求意见,并做出实习班主任工作总结。实习结束时,应向指导班主任及全班同学告别。

(二)班主任工作计划的制订

制订班主任实习工作计划,是进行班主任实习的重要内容。按计划执行,就能使班主任实习工作顺利进行。

班主任工作计划一般包括:

(1)实习班级情况分析。包括班级人数、学习情况、纪律情况、思想情况等。对班风班貌、班级主要的优缺点及存在问题做适当的分析。

(2)实习期间班主任工作的主要任务。围绕解决什么问题,达到什么目的,采用什么措施和方法。任务需分班级日常工作及学期、月、周活动的具体安排。

实习班主任计划的制订应以指导班主任工作计划为依据,与实习学校近期的中心工作相吻合；计划制订要及时，一般在进入实习学校后一周内完成；根据本班实际，做到目标明、任务实、安排妥、措施力，切实可行。

实习班主任计划如下所示。

实习班主任计划

（一）实习班级情况分析

_____

_____

（二）实习期间班主任工作的主要任务

_____

_____

_____

（三）班主任工作需注意的问题

实习期间，在开展班主任工作过程中，实习生可能会遇到各种各样的困难，也可能会面临各种亟须解决的问题，为了保证班主任实习工作的顺利开展与圆满完成，应尽量多角度、多方位地考虑问题。

在开展班主任工作时需要注意以下几个问题：

（1）由于实习生刚刚接触班主任工作，在开展各项工作之前需要征求指导班主任的意见，这样不仅表示实习生对指导班主任的尊重，而且也可以借鉴指导班主任相关的工作经验，从而有利于实习生赢得指导班主任的认可和支持。

（2）实习期间，在开展班主任工作时，为了避免与实习学校的工作计划或指导班主任的工作计划相冲突，实习生需要注意了解实习学校的工作安排以及指导班主任的工作计划。

（3）在开展班主任工作过程中，若遇到不遵守学校规定或违反班级规定的学生，在对学生进行处罚时，实习生要慎用惩罚，能通过教育解决的就尽量不使用惩罚；如果必须使用惩罚，需注意惩罚的方式，切忌严厉的惩罚，更禁止对学生进行体罚或变相体罚。

（4）在开展班主任工作时，如果遇到学生不遵守学校规定或违反班级规定，实习生对其进行教育，学生却不听从劝告的，应及时向指导班主任反映，让指导班主任帮助处理。

教育实习班级管理工作手册

二、班级日常管理工作

班级的日常管理是班主任工作的主要内容。提高班主任日常工作的效率，建设良好的班集体,对于班主任是非常重要的。通常而言,班主任要特别注意两点:一是淡化"管理者"意识,转变班主任角色。在班级日常工作中,班主任应从单纯的班级管理者转变为班级工作的指导者和参与者。从对班级的控制走向班级活动的参与,在与学生的平等互动中实现班级管理的自主性和多样化。班主任不再是班级的绝对权威,学生在一定程度上是班级管理的主体,而班主任是班级管理的建议者、指导者。班主任通过提供建议和指导,引导学生多样化地发展,创建学生发展的民主、和谐的班级氛围。二是要增强学生的责任意识,强化学生的自我管理。在班级管理的日常工作中,学生对自己的学习、行为与任务,以及对自己所处的社会角色,都要承担起相应的责任。学生的责任意识,在班级管理中是控制和约束学生不良行为的重要手段,是实现自我管理的前提。学生的自我管理,主要是指在班主任的引导下,以学生的自我认识、自我约束为基础,自我管理为手段,从而实现学生的自我发展和完善。在班级日常工作中,强化学生的自我管理,可以弘扬学生的主体精神,充分调动和发挥学生的主体性、自觉性和创造性,促进学生的个性和谐发展。

班级的日常管理主要分为以下几类:①关于政治思想教育方面,有升国旗、团队活动、校会、班会、读报、黑板报等。②关于学习方面,有上课、早晚自习、第二课堂及一些与此有关的评比、竞赛等各种活动。③关于组织纪律方面,有考勤、课堂、午休、晚睡和集体活动中的秩序和纪律。④关于文艺体育活动方面,有早操、课间操、眼保健操、课前唱歌、课外文艺及体育等活动。⑤关于劳动和卫生方面,除了教学计划安排的生产劳动课外,还有保持教室、寝室的清洁卫生、大扫除及其他劳动。

实习生做好班主任实习的日常管理工作必须注意以下几个方面:①班主任是班级的领导者、组织者、检查者和监督者,对班主任的日常工作,事无巨细必须过问,对其中的重大事情必须亲自解决。②要善于培养和发挥学生干部的组织领导作用,能由学生干部负责的管理项目,则由他们自行管理。要善于调动全体学生的积极性,让学生自己管理自己,自己教育自己。③表扬和批评是教育学生的有效方法,表扬和批评要准确及时,通常运用的是多表扬、少批评。批评时要注意方式、方法和场合。对被批评者,事后应多做些思想工作。④实习班主任要以身作则,做到言传身教。要求学生做到的事,自己也必须做到。⑤抓两头,带中间;抓典型,树榜样;抓苗头,防乱子。细心观察学生的表现,不失时机做好思想教育工作。当日事,当日毕,不要拖拉。⑥实习班主任应向指导班主任多请示多汇报,争取得到支持和帮助,这样可避免或减少班主任实习工作的失误。同时也要防止班级管理时紧时松,要一环扣一环,保持教育的连续性。

三、主题班会课的设计与组织

主题班会是以班级为单位,在班主任的指导下,围绕一个教育主题或针对班级中存在的某个突出问题,由学生自己组织和主持的进行自我教育的集体活动。在班主任工作实习中,每个实习生都应在原班主任指导下,独立设计和组织主题班会。主题班会开得好,有利于打开实习工作的局面,推动班级各项工作的开展。主题班会的流程一般包括主题班会的准备、进行和深化三个步骤。

(一)主题班会的准备

主题班会的内容要丰富多彩,形式要生动活泼,寓教育于活动之中。

(1)确定活动主题。可提出主题设想交由学生讨论。实习班主任对选题的设想要坚持几个方向:一是注意班集体奋斗目标和班集体建设计划,是否适合当前班集体建设内容的需要;二是注意班集体的现实情况,是否有急需解决的热点问题;三是注意学校教育计划和教育活动安排。讨论选题要允许学生提出独立的见解,在学生们畅所欲言的基础上进行归纳。选题也可由班委会向广大同学征求意见,集中讨论后确立活动主题。有些活动还可征求任课教师、校领导以及部分家长的意见。

(2)制订活动计划,落实组织与具体准备工作。活动主题确定之后,要由实习班主任和班委会共同制订活动计划。活动计划应该包括以下内容:活动的内容和目的;活动的基本方式;活动的组织与分工;活动的时间和地点安排;活动的具体准备。

(3)准备工作的关键是抓落实,实习班主任和主要负责人要检查每一项任务的落实情况,保证活动的顺利开展。要充分调动全班学生,特别是学生干部的积极性,做到人人有事做,事事有人做。

(二)主题班会的进行

(1)实习生要掌握好班会的节奏,注意突发事件的应对和处理,按预定的程序进行。在讨论型、辩论型的班会中,实习生要始终保持清醒的头脑,把握住班会的主旨和中心议题。如果大家的议论偏离了主题,应及时而巧妙地把话题引回来。如果大家因某个问题争论不休,一时又不可能得出较为一致的认识,实习生必须出面引导和调停,使争论适可而止,以保证班会按计划顺利进行。

(2)班会结束前,要给出总结。可以由实习生来总结,也可以先由学生自己总结,实习生再做必要的补充。这样更能体现学生自我教育的特点。总结无论由谁来做,都应该解决两个问题:一是要充分肯定班会取得的成果,如解决了什么问题,统一了什么看法,提高了什么认识,等等;二是要客观、明确地指出不足的地方、存在的问题以及今后全班同学努力的方向。

【案例4-4-1】　八年级"自信助我成长"主题班会总结

同学们,如何使自己更加自信呢?

积极的自我暗示。心理学研究发现,积极的自我暗示能量巨大。如果我们经常暗示自己"我能行",我们就会逐渐变得更有能力,如果总是告诉自己"我不行",就会变得越来越无能。增强自信的办法之一就是积极暗示,在心里反复告诉自己"我能行""我能成功"。

关注自己的优点。每个人都会有自己的优点、特长,关键是自己能否认识到和把它们发挥出来。经常想想自己的优点,不管是哪个方面的,都有助于提升自己的自信心。

树立自信的形象。首先,保持整洁、得体的仪表;其次,举止自信,比如行路时目视前方等。另外,注意锻炼、保持健美的体形对增强自信也很有帮助。

学会微笑。笑是人充满信心、内心快乐的外部表现,自信心使人面带微笑,微笑使人更加充满信心,两者相互产生促进作用。学会发自内心地微笑,自信心就会在心中滋长起来。

自信助我成长,不是孤芳自赏,也不是夜郎自大,更不是得意忘形、毫无根据地自以为是和盲目乐观。

自信助我成长,是一种激励自己奋发进取的心理素质,是一种斗志昂扬地迎接生活挑战的乐观情绪,是一种战胜自己告别自卑的灵丹妙药。

自信助我成长,是战胜每一个困难,从一次次胜利和成功的喜悦中肯定自己,使自己不断突破自卑的羁绊,从而创造生命的亮点,成就事业的辉煌。

(三)主题班会的深化

主题班会结束后,实习生应该做一个书面小结,认真地分析和思考自己设计和组织主题班会的感受、体会、经验以及教育上的得失等,以便今后在工作中借鉴。

用主题班会的形式教育学生,不能只把注意力放在活动过程本身上。活动之后,实习生还要把教育工作深入下去,注意及时了解和掌握来自学生的反馈信息,观察学生思想、感情、行为诸方面的细微变化,并抓住这些细微变化加以引导,促使其进一步升华。这样才能巩固和扩大主题班会的教育效果。

主题班会的设计和组织可进行记录,具体见表4-4-1。

表4-4-1　主题班会计划表

班会主题	
确定主题的依据	
主题班会的目的和要求	
主题班会的准备及分工	
主题班会程序	
实习学校班主任审查意见	签名：　　　　　　　　　年　　月　　日
本院班主任指导师审查意见	签名：　　　　　　　　　年　　月　　日
完成情况分析	

"文明伴我行"主题班会活动方案　　　　"把握今天展望明天"主题班会课件

四、学生的个别教育

班集体的状况取决于班上每一个学生的具体状况,个别教育是班主任教育工作的核心内容和主要目标,当然,也是教育实习中非常重要的技能训练。班主任在进行个别教育时,要选准教育对象,把握教育时机,注意教育方法。在教育实习期间,学生个别教育可以着重选择对学生问题行为进行辅导,做好后进生的转化工作,以及学习困难生的个别指导。

(一)中学生问题行为的辅导

逃课、厌学、弃学、早恋、上网成瘾、怕苦怕累、不自信、过度依赖、孤僻、叛逆、冷漠、自控力差、注意力不集中……种种问题行为都是让班主任头痛不已的大事。身为班主任,我们没有选择,只有迎难而上,直面这些问题行为,积极、稳妥、耐心地寻找解决的办法。

在日常的班级工作中,班主任如何通过各种有效的策略,辅导学生在班级生活中正常成长与发展是非常重要的。一般应遵循以下原则。

第一,预防重于治疗。班主任应在问题发生前针对学生可能出现的行为表现给予预防性的辅导,而非等学生的行为出现偏差时,才给予专业的教育。换言之,班主任必须了解学生可能出现的问题,并给予防范与处理指导。

第二,应具有一致性和合理性。班主任对问题行为的辅导,"应该着重于学生的启发与鼓励,并且要具有一致性与合理性"。班主任对问题行为的处理前后不一致,容易让学生在班级生活中对班级常规产生认知混淆,对班主任丧失认同感,进而影响班级的向心力与凝聚力。

第三,强化良好的行为典范。在班级课堂中,针对学生良好的行为表现及时给予正面、积极的鼓励,有助于学生自信心的建立与自我概念的强化,班主任可以多在公开场合表扬学生在班级生活中的良好行为。对于学生的不良行为,班主任给予适时纠正,选择私下场合给予适时辅导,对学生问题行为的改进有积极的效果。

第四,民主原则。在学生的问题行为辅导中,运用民主原则,目的在于相互监督,促使学生约束自己的行为与态度,使学生养成尊重他人与民主的风范,培养守法的精神与相互尊重的习惯。

(二)后进生的转化工作

在做后进生的转化工作时,班主任要做好以下几点:

第一,对于后进生,要具有爱心。俗话说,精诚所至,金石为开。越是不可爱的学生越是需要爱。对待后进生,班主任要用一颗真诚的心去爱他们。

第二,要分析后进生的差异,因材施教。后进生形成的原因是很复杂的。有一些学生天资愚笨,智商偏低;有一些学生是受家庭或社会不良教育的影响;有一些学生可能在学校没有得到良好的教育;等等。这些都可能导致后进生的出现,为此班主任要认真分析每个"差生"各自的原因,以便对症下药。

第三,应抓住后进生的闪光点,因势利导。理论与实践说明,每个学生在智力与特长方面都不尽相同。一般地,人只能在一个或几个方面显示出优势,并同时也会有特长。实习生不应只以成绩的优劣作为评判学生聪明或愚笨的标尺,而应意识到社会需要不同类型的人才,树立起正确的人才观与学生观。要坚信每一位后进生只要引导得当都可以成才,另外,要充分挖掘每个后进生的闪光点,扬长避短,长善救失。

第四,对于后进生工作,要抓反复、反复抓。后进生的转化工作有一定的复杂性,实习生不能期待一次思想谈话就可以改变后进生。后进生的转变,出现反复是正常的,要有做长久思想工作的准备。

【案例 4-4-2】 对学生个别教育

表 4-4-2　对学生个别教育记录表

学生姓名	俞××	性别	男	年龄	14	次数	3
谈话对象的情况分析	学习情况:该生成绩中等,书写较认真,但知识基础不扎实,上课很少发言,但也能认真听讲。 平时表现:平时作业完成情况良好,不会的知识也会向家里的哥哥请教,学习有上进心,但需要老师的监督,与同学交往甚好,团结同学。 家庭情况:家长特别注重孩子的学习,课下也积极为其辅导功课,家庭氛围好,能引导孩子注重学习。						
谈话的目的	该生的身心发展还不成熟,也未成型,易受外界的影响,注意力不够集中,只喜欢做他感兴趣的事情,只学习自己感兴趣的科目,对学习的热情不够。所以想通过这几次谈话询问其行为的原因,根据这些原因对他提出相应的建议。 他的学习存在着中学中很普遍的偏科现象,我也想知道他偏科的具体原因是什么,好以过来人身份给出可行的应对方案。						
谈话简录	1.点明成绩下滑的严重后果。该同学成绩属中等水平,但最近几次考试均有下滑的趋势,语文和英语的成绩较好,但其他科目的成绩不理想。 2.分析期中考成绩下降的原因。他在家里每次放学后都不会立即去写作业,有的时候还有偷偷玩游戏的情况,学习的氛围不是很足。对于物理、数学他表示兴趣不佳,没有学习语文和英语那么高的兴致,对于道德、历史等科目,他也在认真听讲,但是没找到学习的窍门和方法,所以学习起来有点吃力。						
教育建议	1.寻求解决偏科、成绩下降的方法。首先,带着他分析了各科目存在的问题,然后鼓励他积极寻求各科老师的帮助。他先是找了数学课的任老师,任老师也给他的数学学习提了很多建议;接着引导他找政治课的程老师,给他辅导政治大题的解答思路等。 2.激发孩子的学习兴趣。鼓励孩子和家长沟通,我也和家长沟通,对于他接下来的学习,可以采用多种方式鼓励激发孩子努力,共同制定目标与计划,提升学习兴趣。同时我也给家长及时的正向反馈,帮助孩子树立学习的信心。						

第五节　教育实习的总结与评价

一、教育实习总结

(一)实习总结告别会

实习生离开实习中学之前,实习中学一般会举行实习告别会。在实习告别会上,一般由实习生代表、实习中学教学指导师和班主任指导师代表、实习点带队老师代表、实习中学领导和学院领导发言。其中,实习生代表的发言,除了表达谢意之外,也是对整个实习点的一份总结报告。

实习离点总结发言

(二)实习生个人总结

实习总结要针对实习期间各项任务的完成情况,整理并上交相应的材料。

(1)教育实习师德体验手册。在教育实习期间完成不少于 5 篇"师德体验日记",教育实习结束后撰写一篇"师德体验、感悟、践行总结报告"。

(2)教育实习教学工作手册。实习生每上一节课都需要撰写一个详细的教学设计,实习期间至少完成 12 个教学设计,教学设计课前要经中学指导师签字,课后要及时写教学反思。

(3)教育实习教研工作手册。听课记录不少于 20 节,每节课要有比较完整的教学摘要和建议与意见。说课稿(课例报告)1 个。实习学校校本课程案例 1 个。教育调查(行动研究)方案 1 个。教研工作报告 1 份,一般从教研意识与教研态度、听评课情况、说课、公开课情况、参与或组织实习学校校本课程开发案例分析、教育调查或行动研究情况等方面进行撰写。

(4)教育实习班级管理工作手册。包括:班主任工作实习有关资料(实习班学生的座位表、实习班日课表、实习班学生的基本情况记录表、实习学校作息时间表),值周实习班主任日常工作记录,实习生参与实习班集体活动记录表,实习班主任计划表,主题班会计划表,家庭访问记录表,对学生个别教育记录表。实习期间要对班主任实习的各项工作完成情况及时、完整地加以记录,并定期交由指导师检查,其中主题班会还需要指导师签字。

(5)教育实习成绩考核表(实习生用)。撰写实习生个人总结 1 份,结合教育实习考核指标,分别从师德体验、教学工作、教研工作和班主任工作加以阐述。

教育实习成绩考核表(实习生用)

(6)电子版材料,包括至少1节完整的课堂教学视频、教学设计与课件、主题班会课件,等等。

【案例4-5-1】 教育实习个人总结

将近两个月的实习生活就要结束了,曾经以为漫长和艰难的实习到现在竟产生出难舍之情。两个月和老师、学生的朝夕相处,使我收获很多,感动很多,更使我明白了作为一名教师所肩负的责任与拥有的光荣。

在实习生活里,我一直以教师身份严格要求自己,处处注意言行和仪表,热心爱护实习学校和班级学生,本着对学生负责的态度尽力做好实习工作;同时,作为实习生一员,一直谨记实习守则,遵守实习学校的规章制度,尊重学校领导和老师,虚心听取他们的意见,学习他们的经验。教学工作方面主要跟随丰老师学习,班主任工作实习则是跟着林老师学习。他们都是非常优秀的老师,从他们身上我学到了很多。

一、教学工作

1.听课

听课是整个实习过程的重点。刚开始一个礼拜的任务就是听课。在听课前,我认真阅读了教材中的相关章节,如果是习题课,则事前认真做完题目,把做题的思路理清楚,并在内心盘算如果是自己讲的话会怎么讲。听课时,我认真记好笔记,重点注意老师的上课方式、和学生的交流过程及与自己思路不同的部分,同时注意学生的反应,简单记下自己的疑惑,思考老师为什么这样讲,课后虚心向老师请教。我特别佩服一线老师,在时间的把握上,他们按时完成教学任务,不拖课;在内容的安排上,什么题目自己分析、什么问题学生来回答,都做了安排。

2.备课与上课

第二周我开始了对首课的准备工作。老师一再强调首课的重要性,我也准备得很用心。反复阅读教材,认真设计课程,同时上网搜索了很多资料,改了七八次之后,我终于做出了一份自认为比较好的教案。在试讲时,老师也对我的一言一行进行了修改调整,当时感觉一节课上得好累。和前辈们一样,我的首课上得并不尽如人意,指导老师说出了我的很多问题。课堂应该是有血有肉的、是充满艺术色彩的,而我紧紧地控制课堂,犯了很多新老师的通病。首次上课,体会特别的深,要学习的东西是全方位的。

在课堂上,学生通常不会随意附和、快捷地回答我们提出的问题,而是思考和等待着我们的解答。所以我得时刻准备着去对学生的回答做出适当的反馈,同时随时应对课堂的突发状况。

3.评课

每上完一次课,指导老师和实习小组的同学会围在一起评课。每一次评课,我都很期待指导老师会给我一个好的评价。结果不评不知道,老师一评就知道自己的不足在哪里了。根据指导老师的评价,我有很多不足之处:语言烦琐,有时候打结,讲到某些知识点的时候不会运用专业术语,语调起伏不大,面部表情不够丰富,课堂有时候会显得枯燥;课堂互动的时候,限制了学生,提问的设计和表述亟待提高;知识点之间的过渡不够好;等等。当然,老师也给了我很多好评,说我能够把知识点都一一讲清楚,课堂时间控制还不错,思路也清晰,等等。在看过其他三位实习生的课堂表现后,我发现他们有很多优点值得我去学习。只有通过别人的镜子才能更全面地看到自己的缺点,以后我再也不敢闭门造车、自吹自擂了。

值得一提的是,我们有幸参与了两次公开课数学组的评课。我们根据自己的直接感受做出的评价,和一线教师他们给出的评价,简直是相差十万八千里。一线教师很直接、很犀利地点出了具体的问题,并立马跟上解决方案的探讨。他们牢牢抓住了学生到底会不会、懂不懂——一堂课的本质,让在一旁听的我们感觉很受用。我们更多的是关注老师讲得怎么样,按部就班地对老师进行评价,而忽略了学生才是学习的主人。

二、实习班主任工作

班主任工作是贯穿于我们实习始终的一项工作,我做实习班主任的班级是13班,我和班级的同学相处得很亲密、很融洽。实习班主任工作需要付出真心实意,营造积极健康的学习氛围和团结的集体关系。刚开始,我还不能很好地进入自己的角色,有些放不开,在对于学生出现的问题管还是不管、管到何种程度这些问题上有些顾虑,认为自己毕竟只是一个实习老师,管严管松都不是很好。但好在我的指导班主任林老师人很好,放手让我去管理班级事务,鼓励我与学生多接触,多了解他们的情况。于是我经常和学生聊天交流,逐渐与他们建立了良好的关系。

1.主题班会

组织班会是一件特别有趣和有意义的工作。和学生们相处下来,我明显感觉到他们对大学生活的向往,这使得我决定主题班会以大学生活为主要线索。在班会课上,同学们反响热烈,纷纷表达了对大学生活的向往。很多同学踊跃发言,表示自己要上什么样的大学,实现什么样的梦想。对大学的憧憬给了学生很好的目标,他们也意识到要更加努力地学习才行。

2.篮球赛

很幸运赶上了学校的篮球赛,在这次活动中,我和同学们打成了一片。我们一起分析战术、人员安排、对方实力。通过这个活动,我对班里的男生有了更加深入的了解。我们班打篮球水平一般,但是同学们都有一种不服输的精神。我趁机强调团结互助、顽强的意志力的重要性。在赛场上,同学们打得很胶着,你来我往。这时候我组织班里女生一起加油打气,充分发挥了啦啦队的力量。虽然最后还是输了,但是同学们都洋溢着开心的笑容,同学们之间的感情更加亲近了。

3.个别学生的谈话

这段时间,班主任林老师特别教导我要和学生单独地沟通。学生在公共场合和私下是不一样的,要全面了解学生,就必须使用多种方式去和学生沟通交流。我根据班主任的建议,按照性别、成绩、性格有针对性地选择了个别学生单独谈话。我能很明显地感受到同学们在私下里聊天的时候有很大的不同,他们会把一些心底话告诉我。而我这时候更多的是充当一个朋友、聆听者的角色,和他们一起吐槽、一起笑。学生都是活生生的,有自己的思想,很单纯、很简单,我们要小心呵护。在个别谈话中,我对如何做学生工作有了更深的体会。谈话要轻松、愉快,这确实是一个和学生走近的好方法。

4.自修和出操

在实习期间,我们每天要和学生一起参加早晚自修和出操,真正把自己当作一个中学教师。刚开始很不习惯,渐渐地我们也感觉到习以为常了。学生刚开始也挺别扭多了个我和另一个女老师,后来我们要是迟到一会,他们还会念叨。和学生真正走近、了解他们,需要我们花更多的时间和精力,通过自修出操等方式,我们与学生的感情在不断地升温。

当然,我还学习到了管理班级的很多技巧。班级的管理要民主化、人性化、科学化,只有这样才能让同学们主动地参与到班级管理中来,实现自我监督。而各种班级规章制度,也是为了建设一个优秀的班集体,只有让同学们意识到自己的言行问题,自己去改正,才能从根本上做好班级的管理工作。

在这次实习中很有感触的几点:

(1)到实习学校后,争取多观摩优秀教师授课,吸取在职老师的教学优点,为自己的课堂授课添加优质元素。

(2)对于讲课,应提前做好充足的准备,预想到课堂上可能发生的一些状况,做好应对准备。对于学生的问题,要耐心讲解,如果不会,要勇于承认,不能不懂装懂。

(3)大学课堂所学的知识与实战是有一定区别的。有些东西不必迷信于课本,应根据学校状况、学生实情灵活做出改变。

(4)作为一名班主任,要付出更多的心血,要做到认真负责、无微不至。

(5)对于学生,要一视同仁,心存爱心。苏联教育家苏霍姆林斯基说过:"教育技巧的全部奥秘也就是如何爱护儿童。"作为一名实习生,同样要用爱的心灵、爱的行为去感动学生,去帮助启迪学生。老师关切的目光、温暖的话语、耐心的辅导,会将师爱的滋养汇入学生的心田。

在这两个月的时间里,我体会到了要做好一名教师,并不像想象中的那么容易,也明白了要做好一名人类灵魂的工程师的责任感和重要性。这是我在教师舞台的第一次,我知道以后还会遇到很多可爱的学生,我会一直坚持教学相长,终身学习,从始至终严格要求自己。

这次实习,对我来讲是上了一堂重要的社会课,个人深觉受益匪浅。在这个过程中,我非常感谢学院里关心我们的老师和瑞安市塘下中学数学组的老师,特别是我的实习班主任林老师、教学指导丰老师、带队方老师和总负责黄老师,谢谢你们全心全意无私的付

出,从你们身上我学到了很多品质,不仅在为师上,更在为人上。最后,再次真诚感谢你们!(温州大学 2013 级应数王××)

实习生教育实习总结报告案例

(三)实习经验交流

教育实习经验交流,可按以下流程进行:个人陈述(如主要的活动、成功的经验、深刻的教训、难忘的经历、感人的细节、实践的感悟、存在的问题与困惑等)→小组讨论(补充说明、质疑问难、反思成败、提供借鉴等)→明确个人专业发展的方向与改进方法。

二、教育实习成绩评定

教育实习考核由实习学校领导小组及其指导教师、高校学院领导小组及其指导教师等按要求共同完成。考核应坚持过程评价与结果评价相结合、同伴评价与教师评价相结合、实习学校评价与高校评价相结合的原则,主要从教学工作、班级管理、教研工作以及师德体验等方面进行。

教育实习成绩的评定采取单项(教学实习、班主任工作、教研工作、师德体验)打分、综合评定、百分制转五级制计分的办法,其中教学实习占 50%、班主任工作实习占 30%、教研工作占 10%、师德体验占 10%。教育实习成绩分为优(90~100 分)、良(80~89 分)、中(70~79 分)、及格(60~69 分)、不及格(59 分以下)五个等级,由实习中学指导师与高校指导师分项分别打分,按实习中学指导师、高校指导师各 50% 合成单项成绩,再按单项成绩比例合成实习的综合成绩,根据实习综合成绩(90 分及以上)(必要时结合排名和实习指导师评议),由院实习领导小组考核确定教育实习总成绩"优秀"学生。教育实习考核总成绩为"优秀"的比例,不超过实习生总数的 40%。

中学教育实习成绩考核表(中学指导师用)　　中学教育实习成绩考核表(高校指导师用)

第五章　数学教育研习

　　数学教育研习是指师范生教育实习结束返校后开设的系列教育实践课程。在这一阶段的教育实践,既有结合教育实习开展实践反思与理性探究的教育研习,又有本科毕业论文这一教育实践综合课程。

　　教师的专业发展大致经历职前教育与职后教育两大阶段。中学教师就业前的职前教育,除了获得本科及以上的学历外,还要取得教师资格证书,参加教师招聘,获得教育行政部门或学校的聘任资格,才能成为在职教师。而在职教师在漫长的职业生涯中,也将经历"新手—熟手—高手"不同阶段的专业发展之路。教育研习课程要兼顾师范生毕业、就业与今后发展的需要,开展教师资格考试面试及教师招聘面试技能的训练,以全面提高师范生教育教学能力及教师应聘竞争力。本章包括数学教育研习的"研"与"习"两个方面,分节分别介绍中学数学说课、中学数学教师资格证书考试面试技能、中学数学教师招聘考试面试技能、中学数学类本科毕业论文以及中学数学教师专业发展。

第一节　中学数学说课

　　"说课"是对备课、上课等各环节从教育理论上进行阐述,把执教者的教学设想、教学思想及理论依据说出来,与同行一起商榷和交流的一种教研方式。因此,"说课"是对课程的理解、备课的解释、上课的反思。通过说课,可考查说课者的教学基本功、教学设计能力、把握教学内容等能力。

　　师范生在不同阶段的说课是有差异的。教育实习前教学技能考核"说课·模拟上课·板书"中的约5分钟"说课",因为时间受限,是一种"简缩版"的说课,主要说教学重难点与简要的教学过程。教育实习期间的说课是指实习生在特定的场合,在精心备课的基础上,面对指导师和同组实习生讲述某节课(或某单元)的教学设想及其理论依据,然后由听者评议、说者答辩、相互切磋,从而使教学设计趋于完善的一种活动。教育研习中的说课,师范生着重对实习期间自己的典型课例进行说课研讨,同时对同伴说课进行记录与评价,并选择同伴中说课的一些精彩案例开展片段试课训练,以期深化数学课堂教学研究。在数学新教师招聘考试中,说课是一种重要的面试方式,说课面试一般是先要求考生在 60~90 分钟内做好一节课的说课准备,再在 10~15 分钟之内完成说课,这是一种限时比赛型的说课。

一、说课的流程

无论什么阶段的说课,其本质都是一样的,高质量的说课要在突出"理"上下功夫。说清楚"为什么教(Why)"——展现对教材的独到理解;"教什么(What)"——展示对课程标准的理解;"怎么教(How)"——突出教学设计的新意;"怎么评(How)"——体现"以生为本"的教育理念。

说课的流程一般包括说教材、说教法学法、说教学过程和说教学效果分析四部分。

(一)说教材

说教材时,说课者应阐述自己对教材的理解和感悟,以充分展示自己对教材的宏观把握和对教材的驾驭、整合能力。说教材包括教材定位、教学目标和教学重难点的制定。

说教材定位时,要着力解决"为什么教"的问题。"为什么教"即为什么要讲授此内容,体现了数学知识发生发展的过程性、知识学习的必要性、知识的连贯性。"为什么教"主要包括两方面内容,一是教学内容的必要性,二是教学内容对后续学习的影响(认知价值、迁移价值)。说清楚"为什么教"需要教师加强对教学内容的整体性理解。以具有整体性的知识单元为载体,以知识发展的逻辑性为线索开展教学设计,凸显整体性是新教材的显著特点,也是落实数学学科核心素养的关键抓手。

【案例 5-1-1】 函数单调性教学

对于函数单调性教学内容的理解,应从变量之间的依赖关系、实数集合之间的对应关系,从代数运算的视角解析函数图象的几何直观印象,并在"函数"的整体视角下理解研究函数单调性的必要性。

从"自然语言—图形语言—符号语言"的相互转化,到从数与形两个视角刻画函数的局部性质。对函数单调性的研究为函数奇偶性、最值、周期性的研究提供了借鉴。函数的单调性在描述函数图象、求函数的最值、不等式的求解或证明、数列等其他数学内容中都有重要运用。

【案例 5-1-2】 "直角三角形的性质(2)"教材定位

本节课主要研究直角三角形的性质定理:"30°角所对的直角边等于斜边的一半"及其逆定理的证明和定理的一些简单的应用。其作用和地位主要体现在以下两个方面:

(1)它的应用广泛,是后续学习的必备基础知识。例如,锐角三角函数就是以此为基础的,并且是解决有关几何论证及计算问题的重要依据,具有广泛的应用性。

(2)在学习几何的起步阶段具有积极意义,特别是性质定理的证明,给学生体验证明的基本方法和基本过程提供了一个很好的素材。

说教学目标时,要说出教学目标的内容及其确定依据。课时教学目标一般指三维目标:知识与技能;过程与方法;情感态度与价值观。教学目标要根据课程标准和整章教学要求,说明目标中不同层次的要求,如知识技能中的了解、理解、掌握和运用,过程性目标的经历、体验、探索等。目标表述应有利于教学时对教学目标的把握与评价,将目标具体化为可观测性的行为目标,说明学生学习后能学会什么,达到什么水平,以充分发挥教学目标的导向作用。

【案例5-1-3】 "直角三角形的性质(2)"教学目标

(1)知识与技能:理解直角三角形性质定理及其逆定理,并能运用它进行一些简单的论证和计算。(学会)

(2)过程与方法:渗透建模、化归等数学思想方法;培养学生应用意识、解决问题的能力以及建构式思维。(会学)

(3)情感态度与价值观:培养学生勇于实践、大胆创新和积极探索客观真理的科学态度,让学生感受知识源于实践又作用于实践的辩证唯物主义观点,体验数学的价值。(乐学)

教学重点是指连贯全局、带动全面的重要之点,主要包括:(1)核心知识,即数学的基本概念、定理、公式及运用;(2)核心技能,即空间想象(识图画图)、直觉猜想、归纳抽象、符号表示、运算求解、演绎证明、数据分析等;(3)基本思想,即数学抽象的思想、数学推理的思想、数学模型的思想和数学审美的思想等。

教学难点是指学生接受起来比较困难的知识点,它主要是由学生的认知能力与知识要求之间存在较大的矛盾造成的,往往是本节课中比较抽象或综合的知识点。教学难点的确定要从教材内容、学生学习障碍及学生认知基础、认知结构、学习态度、接受能力等(动态)综合考虑。要说明的是,虽然很多情况下重点本身就是难点,但是重点、难点并没有必然的联系,两者要分别加以分析。例如,"直角三角形的性质(2)"教学重点是"在直角三角形中,30°角所对的直角边等于斜边的一半"这一定理及其逆定理,这个定理的证明是教学的难点。

(二)说教法学法

说教法学法首先要进行学情分析。说学情要说出学生的四个"知":(1)学生的"已知",即学生的相关知识经验和能力水平,以决定学习起点;(2)学生的"未知",即学生学习时应该达到的终极目标中所包含的未知知识;(3)学生的"能知",即学生能达到怎样的目标,以决定学习终点的定位;(4)学生的"怎么知",反映学生是如何进行数学学习的,它体现了学生的认知风格和学习方法与习惯等。

【案例5-1-4】 "直角三角形的性质(2)"学情分析

本校学生整体素质较高,思维活跃,课堂参与意识较浓。初二学生正处于从感性认识到理性认识的转型期,其认知结构主要表现在三个维度上:

(1)知识维度。对几何的基础知识有了初步的接触和认识,本节课所涉及的三角形全等、几何论证的常识以及等腰(边)三角形的性质和判定等,学生掌握得较为理想。

(2)技能维度。已初步接触过一些较直观的辅助线添法(包括全等三角形的构造等),对于线段等量关系的证明,已具备一定的技能。

(3)素质维度。初步体验过化归等数学思想,经历过一些由观察到抽象的数学活动过程(包括建立数学模型解决问题的过程),并已积累了一定的活动经验。

学生的认知水平已达到能初步接受一些简单命题的论证及应用,但对于本节课涉及的线段倍分关系的证明,尚属首次接触,存在较大困难。

说教法学法要着重解决教师的"教"如何为学生的"学"服务这一问题。因此,说教法时要说出选用的教学方法和教学手段及其理论依据;而说学法时,要说明如何通过学法指导,让学生既"学会"又"会学"。

【案例 5-1-5】 "直角三角形的性质(2)"教法设计和学法指导

数学教学是数学活动的教学,是师生之间、学生之间交往互动与共同发展的过程,结合本节课的实际,教法设计和学法指导主要体现在以下五个方面:

(1)教学模式的选择。本节课我采用"问题情景—建立模型—解释、应用与拓展"的模式展开,让学生经历知识的形成和应用过程,从而更好地理解性质定理的意义,发展应用数学知识的意识和能力,增强学好数学的愿望和信心。

(2)活动的开展。将学生分为四人的学习小组,鼓励交流与合作学习,引导学生主动从事观察、实验、猜测、验证、推理等数学活动,从而使学生形成对性质定理的理解和有效的学习策略。

(3)分层次的教学。考虑到学生认知方式、思维策略以及认知水平和学习能力的差异,在证明过程的展开和练习的安排上采取分层次教学。例如性质定理证明时,采用"低起点、高要求"的教学策略,使不同层次的学生均能主动参与,也使不同层次的学生都得到充分的发展。

(4)关注证明的必要性、基本过程和基本方法。在教学中,引导学生先从问题出发,根据观察、实验的结果得出猜想,然后进行证明,把证明作为探索活动的自然延续和必要发展,关注证明的必要性的理解以及对基本过程和基本方法的体验,而不是所证命题的数量和证法的技巧。

(5)现代教育技术的应用。本节课的课件,将适时呈现问题情景,以丰富学生的感性认识的素材,利用动态效果加强证明过程的直观性,提高教学效率。

(三)说教学过程

说教学过程也就是说"怎么教",这是整个说课的核心组成部分,也是教师创造性地处理教材能力的集中体现。要讲清楚各主要教学环节,在何处达成什么目标,通过哪个环节和具体做法突出重点、突破难点,将教法和学法落到实处。教学过程设计一般包括情境设计、教学过程设计与策略、学生活动设计、课堂练习设计等。在教学情境设计中要注意情境的适切性、真实性、丰富性,反映核心内容,体现"最近发展区"原则。而教学过程的设计离不开问题链设计,数学的发展实际上是不断发现问题、解决问题的过程。问题意识及问题解决能力的培养是数学学习的关键,也是数学教育的重要目标,而形成清晰脉络并具有一定跨度的问题链,能有效地促进学生数学核心素养的提升。练习反馈设计要具有针对性、阶梯性、发散性。要针对课时教学内容与教学目标,形成螺旋式上升的练习,为课堂教学评价与反馈提供第一手素材。

说教学过程时,根据时间分配,要重点说出:(1)教学过程的总体结构设计;(2)教材展开的逻辑顺序、主要环节、过渡衔接及时间安排;(3)如何针对课型特点,在不同教学阶段,师与生、教与学、讲与练怎样协调统一;(4)对教学过程的动态性预测及相应对策。

【案例 5-1-6】 "直角三角形的性质(2)"说课教学过程

学生是认知主体,设计教学过程必须遵循学生的认知规律。具体分提出问题、明确问题、解决问题、例练应用和小结与作业五步付诸实施。

(1)提出问题。"问题是数学的心脏",是数学知识、能力发展的生长点和思维的动力。在课堂教学的开始,我创设了这样一个问题情景(引例):某人欲在乡下修建一间木屋,顶部人字架的斜梁长为 4m,其倾斜角为 30°,现要去购买木料,请帮忙计算一下中柱所需的木料长。

由这样一个富有实际意义的问题,迅速地激活了学生的元认知,使学生产生了问题解决的主动性。"在这个人字架中,到底中柱多长呢?它与斜梁的长度有何联系呢?"……学生自然会产生这样的一些疑问,从而主动地提出了问题。

(2)明确问题。借助多媒体,引导学生从人字架中提炼出直角三角形,将这一实际问题数学化(在直角三角形中,已知斜边长为 4,求 30°角所对直角边的长),建立数学模型,同时提示学生往身边的实际中查找原型(例如三角板,将等边三角形依其轴对称性折叠等),进行实验,鼓励学生大胆猜测,从而得出猜想的结论:在直角三角形中,30°角所对直角边等于斜边的一半。

沿着学生的思维轨迹,继续设问:能否解释你猜想的结论的科学性?学生容易想到用"推理论证"的方法,使证明成为探索活动的自然延续和必要发展,从而体验到命题证明的必要性,在积极探索中明确了问题。

(3)解决问题。性质定理的证明过程是本节课教学的重点也是难点,确定证明过程是教学难点主要是基于这样的考虑:目前学生尚处于学习几何的起步阶段,初次接触线段"倍分关系"的证明,需将其转化为"等量关系"的证明,而目前学生仍离不开感性经验的作用,其思维方法上的局限性、依赖性和离散性,限制了他们的独创性思维,难以找到问题解决的切入点。

教学中,采取以下几个举措来突破这一难点:首先,把学生分为四人的学习小组开展探索活动,鼓励学生相互合作交流,展开讨论,在合作学习中暴露群体思维的轨迹,弥补个体思维上的缺陷。由易到难,循序渐进,使学生有条理、有层次地进行思考;然后,借助原型启发和多媒体的直观帮助寻找证法的切入点。对思路受阻的小组,启发他们将"倍分关系"的证明转化为"等量关系"的证明,提示他们可将刚折叠的直角三角形重新打开,同时利用课件的动态效果,将直角三角形进行翻折,通过实验和模型直观,加强学生的感性认识基础,找到证法切入点;接着,根据各小组反馈的信息,引导学生由一种证法推广至多种证法,并启发学生讨论多种证法的共性,多解归一。由于证法的开放性和过程的渐进性,不同层次的学生得到发散思维和收敛思维的锻炼,在突破难点的同时,也突出了重点。

(4)例练应用。为进一步突出重点,优化已形成的新的认知结构,使探索过程更具完

整性,根据教学巩固性原则,例练安排如下:

①引导学生写出性质定理的逆命题并进行证明,进一步体验命题的完整性。

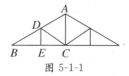

图 5-1-1

②结合教材的例 1,在引例的基础上继续提出问题,出示例 1:"(接引例),如图 5-1-1,考虑到人字架结构的坚固,主人还计划在 AB 的中点 D 处添加 DC,DE 这样两根立柱和斜梁,请计算 DC 与 DE 所需的材料长。"使学生真正体会到知识源于实践又作用于实践的辩证唯物主义观点。

③完成教材练习 1、2 进行及时巩固。

④根据因材施教原则,对学有余力的学生,为使其能灵活运用这两个互逆定理,要求完成练习:

如图 5-1-2,在 $\triangle ABC$ 中,$\angle C = 90°$,$AB = 2BC$,BD 平分 $\angle ABC$。求证:$AD = 2CD$。

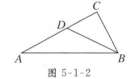

图 5-1-2

从而使学生在所学知识和方法的应用中,体会数学的价值,增强应用数学的意识。

(5)小结与作业。小结时及时梳理本节课的知识与技能,即直角三角形的两个互逆的性质定理,以及两个定理的作用:原定理可解决线段之间互为倍分关系的问题,逆定理可用来证明一个角为 30°。通过小结,有利于知识的系统化和网络化。

作业除了完成作业本相应的题目外,还要求学生针对本节课的实际问题的解决过程和性质定理的证明过程写一篇数学小习作,谈谈自己的一些想法。这样,有利于将课堂的学习延伸到课外和后续课程中。

(四)说教学效果分析

教学效果分析是对教学设计的说明,是对预设的教学设计在实施中的优缺点进行剖析和反思,对教学可能产生的结果进行预测。这有助于提升说课者的教学元认知,帮助其更好地进行教学反思、开展自我评价。总之,教学效果分析可以是课前的预测,也可以是课后的反思。

【案例 5-1-7】 "§5 不等式的应用"教学效果分析

该教学设计基本符合教学要求、学生实际,反映了新课程的基本理念。而且教学过程设计比较具体,可操作性强,能保证教学目标的实现。但有两个环节容易产生变数:一是对知识结构的梳理,二是通过反例顺应。这两个环节也是引导学生进行高水平认知活动的重要环节,对他们的不同想法,教师只应引申、明确,不能限制其思路,给教学的动态生成以充分的空间和时间。

【案例 5-1-8】 "6.4 频数与频率(1)"教学效果分析

该教学设计适当改动教材,贴近学生生活,注重数学本质和核心理念的渗透,回归数学本质,从更高的角度认识、理解教材。

教学时加强前后知识的连贯性,以整体→部分→整体的方式进行教学,抓住了重点,具有有效性、科学性和趣味性,能够促使学生情绪高涨地学习,积极主动地跟随教师的思路开展思维活动。教学重在知识的形成，着眼于学生终身发展的需要，为学生创设更有助于理解、掌握知识的教学情境。设计巧妙的问题，指向比较明确。注重课堂小结，帮助学生系统梳理知识。

但是，在将数学语言变得通俗、把抽象的概念转化为学生更好理解的生动描述、让学生体验数学的乐趣等方面，尚有待加强。

二、说课的注意点

说课要说"亮"点。说课作为教师之间的教学信息交流和对话的独特方式，以及由于说课面试时间的限制，应该遵循高效率的原则，尽可能减少无效信息。为此，各环节的说课应该有所侧重，应着重讲出对有关问题的认识和理解。课程标准、教材已明确给出的内容和已成共识的问题，在说课中应少说或不说，而对教学设计中有特色的"亮点"进行详细的阐述和分析，这样说课才具有鲜明的个性特点，才能达到彼此交流和借鉴的目的，从而使说课充满活力，具有特色。

说课要突出"说"。说课不是宣讲教案，不是浓缩课堂教学过程，切忌"读"和"背"。说课的核心在于说理，在于说清"为什么这样教"。因此，说课时对所说课内容应做详略取舍，切不可平均用力、面面俱到，对重点难点、教学主要流程及理论依据等一定要详细讲，对一般问题要略讲。同时，说课不等于读课，说课不能拿着事先写好的说课稿去"读"，也不能将事先准备好的说课稿拿来"背"，尽量营造说课是"说"的交流的氛围。

说课时教法与学法要并重。在说课时，教师往往对各种教法的应用说得头头是道，而学法却说得不够。说学法时，可从"考虑探究式、自主性、合作性等学习方法在教学中的合理应用，如何体现教师主导、学生主体地位"等方面入手。切忌将教学方法说得太过笼统，将学习方法说得有失规范。如"我运用了启发式、直观式……教学法，学生运用自主探究法、讨论分析法"等等。至于教师如何启发学生，怎样操作，却不见下文。因此，说课时不要只考虑自己怎么教顺手顺口，而要多考虑你的做法是否切合学生的实际，符合学生的需要。

说课备稿时多问"为什么"。说课教师在备说课稿时应自己多问几个"为什么"，并力争自己做出令人满意的解释，切忌说课时使用"可能""大概""或许"等词语。当然，有些疑惑的问题也不必回避，谦虚地说出自己的困惑以及留待今后解决的问题。

准备好说课模板。面试中的说课，要求考生在如此短的时间内，完成教材分析、教法学法制定和教学过程设计。因此，除了在平时熟悉教材外，还要准备一份适合自己的说课稿模板，熟记于心，以便有足够的时间准备教学内容的设计。

除上面几点外，说课还要注意普通话标准、衣着得体、有礼貌，力求表现出沉稳、有条理及思路清晰。

总之，说课不但取决于说课者的语言表达、仪表仪态、实践经验及知识面等，还要在说课的设计上体现出理念新、立意高、知识自然生成以及符合学生实际，紧紧围绕"课"的内容，突出一个"说"字。

三、说课的评价

说课主要从教材分析、教学目标、学情分析、教法学法、教学过程、板书、说课艺术加以评价,具体见表 5-1-1。

表 5-1-1　数学说课评价表

项目	说课评价要素	等级			得分
		A	B	C	
教材分析	教材的地位与作用、前后联系以及编排意图分析得科学、合理,教学内容具有科学性、教育性,重点突出、难点明确	15	12	9	
教学目标	知识与技能、过程与方法、情感态度与价值观目标要求明确、合理、具体、有可操作性,符合课程标准的要求	10	8	6	
学情分析	学生的知识基础、认知发展、身心特点、态度习惯及与本课的联系分析得合理、到位	10	8	6	
教法学法	教法有效、创新、体现教师的主导地位;学法体现自主、合作、探究、开放、发挥学生的主体性,突出新课程理念	20	16	12	
教学过程	课堂结构总体设计合理(5分),各环节安排(含练习)清晰、合理、有效(12分),教学活动优化组合(4分),教育信息技术使用科学、实效(4分)	25	20	15	
板书	课堂教学板书设计及说课现场板书内容科学、形式合理、逻辑性强,布局美观、书写工整	5	4	3	
说课艺术	普通话规范,表达具有逻辑性、艺术性,态度端正,情感丰富、合理(脱稿4分、语言5分、表情2分、节奏2分、调控2分)	15	12	9	
定性整体评价:				总分	

四、说课案例

(一)倾斜角与斜率说课

1.教材分析

(1)教材解读

"直线的倾斜角与斜率"是人教 A 版数学选择性必修第一册第二章第一节内容,本节课是解析几何的起始课,为进一步学习直线与方程、圆与方程、圆锥曲线与方程、导数等奠定知识基础。直线的倾斜角和斜率是解析几何的重要概念之一,是刻画直线倾斜程度的几何要素与代数表示。通过本节课的学习,学生可初步了解直角坐标系内几何要素代数化的过程,初步了解解析几何的基本思想和基本研究方法,其对培养与发展学生的数学抽象、数学运算、直观想象、逻辑推理等数学素养也有着一定的作用。

(2)教学内容

本节课主要内容是直线的倾斜角与斜率的概念及其关系、过两点直线的斜率公式及其应用,这些是本节的显性内容。平面直角坐标系中的直线(几何)问题代数化是本节的隐性内容。

(3)教学重难点

根据《普通高中数学课程标准(2017年版2020年修订)》对本节教学的要求(在平面直角坐标系中,结合具体图形,探索确定直线位置的几何要素;理解直线的倾斜角和斜率的概念,经历用代数方法刻画直线斜率的过程,掌握过两点的直线斜率的计算公式),以对直线的倾斜角和斜率概念的探究、斜率公式的推导及简单应用作为本节课的教学重点。

考虑到学生的数学基础、学习能力,尤其是概念辨析能力和逻辑推理能力,将对倾斜角与斜率的关系的探究及过两点的斜率公式的推导作为本节课的教学难点。

(4)课时安排

考虑学生的认知水平,计划本节内容用2个课时完成。其中,第1课时的教学任务是倾斜角和斜率概念的引入、倾斜角与斜率关系、斜率公式的推导及简单应用,斜率公式的进一步应用等余下的内容放在第2课时来完成。这样既能保证每个课时学生有较好的接受效果,还能保证学生有更多的时间参与课堂教学的全过程,享受轻松、愉快的课堂生活。

2. 学情分析

为了突出学生的主体地位,我们不但要了解学生,还要全面研究学生的认知结构和心理特征。

在初中,学生已经学习了有关直线、坡度、直角坐标系等知识;在高一平面向量的学习中,也掌握了平面向量坐标化的基本方法,这些都是本节课学习的基础。经过高一年级的学习,学生发现问题、探索问题的能力有了一定提高,但抽象概括能力仍比较薄弱。为此,我们需要因材施教,循循善诱,从探索确定直线位置的几何要素出发,在平面直角坐标系中用代数方法把这些几何要素表示出来。

3. 教学目标

(1)在探索直线位置的几何要素的问题情境中,主动构建并理解直线的倾斜角和斜率的概念;通过学生自主探究、合作交流的方式,推导由直线上两点的坐标求斜率的计算公式,并进行简单的应用。

(2)培养学生观察、发现、分析、归纳等思维能力,体会数形结合、分类讨论和转化的思想,增强学生的识图、用图能力。发展和培养学生的数学抽象、直观想象、逻辑推理、数学运算等数学素养,使学生获得基础知识、基本技能、基本思想,并在基本活动中积累数学经验。

(3)以问题为导向,通过师生互动、生生互动,使学生初步体验用代数方法解决几何问题的思想方法,激发求知的欲望,享受获取数学知识的喜悦。学会用联系的观点看直线的倾斜角与斜率的关系,感受斜率公式的对称美和简洁美。

4. 教学方法

(1)教法

问题是数学的心脏,是思维的生长点。为了充分调动学生学习的积极性,本节课采用问题导向式教学法和启发式教学法,用环环相扣的问题将教学活动层层推进,使教师总是站在学生思维的最近发展区,培养学生的发现与提出问题、分析与解决问题的能力。

另外,利用多媒体辅助教学:一是图文并茂,直观易懂,更具吸引力;二是增加课堂容量,使教学更高效。如通过展示随着角的终边的转动,倾斜角大小的变化,斜率也随之变化,让学生感受刻画直线倾斜程度的两个基本量——倾斜角和斜率之间的数形关系。

（2）学法

为了体现学生是课堂的主人、教学的主体,让学生参与教学全过程,让学生自觉思考、自主探究、自我感悟,培养学生主动观察、分析、交流、合作、类比、归纳的学习方法及能力。

5.教学过程

（1）案例展示,引出问题

教师用PPT展示上海南浦大桥(图略),简单介绍了这座斜拉索桥的构造,引导学生观察图片中一条条斜拉索,提出问题:它们可以抽象成什么样的几何图形? 它们相对于桥面的倾斜程度有什么不同?

【设计意图】　旨在从现实生活的实例出发,启发学生,从而引出数学知识,使学生体会数学无处不在。

问题1:在平面直角坐标中,点的位置可以用坐标来确定,那么直线的位置由哪些因素确定?

【设计意图】　由点的位置的确定来引出直线位置的确定,自然合理地提出问题,创造轻松的氛围,引发学生的思考。

问题2:过一个定点的直线有无数条,即一个点不能确定直线在直角坐标系中的位置,那么还需要哪些条件呢?

教师引导学生观察:在直角坐标系中,过同一个定点的直线束,它们有什么异同? 探索如何定义刻画直线倾斜程度的几何量——倾斜角。针对倾斜角的概念,提出问题:为什么选取x轴正向与直线向上的方向之间所成的角作为直线的倾斜角? 直线与x轴平行或重合时又该如何定义?并在此基础上理解直线和倾斜角的对应关系,即平面直角坐标系中,每一条直线都有一个确定的倾斜角,倾斜程度不同的直线有不同的倾斜角。再借助多媒体动态得出倾斜角的范围。

【设计意图】　通过观察图形,探究确定直线位置的几何要素,即一点和倾斜角(直线的方向)确定一条直线,两者缺一不可,由此引出倾斜角的概念,培养学生的数学抽象素养。

（2）发现问题,探索新知

问题3:在日常生活中,还有没有表示直线倾斜程度的量?

展示日本江岛大桥(图略),江岛大桥因坡度过于陡峭成为旅游新热点。引导学生回顾初中所学的坡度及计算方法:坡度$=\dfrac{升高量}{前进量}$,再认识坡度是一个比值。

【设计意图】　通过日常生活实例,充分利用学生已学习的坡度的概念,为引入斜率做认知上的铺垫。

问题 4：你认为用怎样的量可以刻画直线的倾斜程度？

将坡面抽象成几何图形，放到直角坐标系中。这时教师启发学生思考：在前进量不变的情况下，(动画展示)前进 2 个单位、升高 3 个单位与前进 2 个单位、升高 2 个单位比较，哪个坡度大？哪个坡角大？哪个更陡？再将坡面抽象成直线，地面抽象成 x 轴。让学生类比坡度展开联想，把刻画倾斜程度的量与倾斜角联系起来。从而得到在直角坐标平面中，以 x 轴正方向为参照物，描述倾斜程度的数(斜率)和形(倾斜角)的"完美"定义：$k=\tan\alpha$。

【设计意图】 这样设计旨在突破对斜率概念的理解这个难点，引导学生把这个同样用来刻画倾斜程度的量与倾斜角联系起来，并通过坡度的计算方法，引出斜率的定义。让学生感受数学源于生活，体验从直观到抽象的过程，培养学生的数学抽象的数学素养，提高学生观察、归纳、联想的数学能力。

(3)深入探究，加深理解

为进一步了解倾斜角与斜率的形数关系，用"几何画板"展示随着倾斜角的变化，斜率也随之变化的动画。引导学生观察实验演示，启发学生思考：

问题 5：直线的倾斜角与斜率有什么关系？

【设计意图】 通过用"几何画板"动态实验演示，增强直观性，以突破难点，帮助学生更好地理解刻画直线倾斜程度的两个量的数形关系，以此来培养学生的直观想象的数学素养。

问题 6：我们知道，直线位置确定，倾斜角和斜率也就确定了。在坐标平面内，两点确定一条直线，那么两点的坐标与直线的斜率有什么关系？即直线的斜率可以用直线上的两点 $P_1(x_1,y_1)$，$P_2(x_2,y_2)$(其中 $x_1 \neq x_2$)的坐标来表示吗？

活动 1：采用启发式教学，引导学生对倾斜角进行恰当的分类讨论。提示学生类比坡度的定义，将问题转化到直角三角形中，自主探究倾斜角分别为锐角和钝角时如何求斜率。

活动 2：为了完善公式、深化对公式的理解，引导学生思考以下三个问题。

思考 1：当直线平行于 x 轴或与 x 轴重合时，上述公式还适用吗？为什么？

思考 2：当直线平行于 y 轴或与 y 轴重合时，上述公式还适用吗？为什么？

思考 3：当两点在直线的上下位置不同，上述公式还适用吗？为什么？

【设计意图】 斜率公式的发现与推导既是本节课的重点也是难点。通过启发引导，让学生主动探究，不断突破难点，使学生深刻理解斜率公式的本质；感悟推导过程涉及的分类讨论、转化与化归的数学思想，体会数学公式的对称美和简洁美，培养学生逻辑推理的数学素养。

(4)强化训练，巩固双基

问题 7：已知 $A(3,2)$，$B(-4,1)$，$C(0,-1)$，求直线 AB，BC，CA 的斜率，并判断这些直线的倾斜角是锐角还是钝角。

师生共同完成。

【设计意图】　进一步熟悉斜率公式,让学生体会倾斜角、斜率和斜率公式三者之间的联系。

问题8:在平面直角坐标系中,画出经过原点且斜率分别为1、-1、2的直线。

本题教师完成第一小问,其他两个小问请学生板演。

【设计意图】　提高学生作图能力,体会数形结合的思想方法,熟练应用两点式斜率公式。

(5)归纳总结,作业布置

①课堂小结

问题9:今天的学习你有什么收获?获得了哪些知识、方法与思想?

【设计意图】　通过对本节教学的总结,培养学生对知识与方法的归纳能力和数学语言的表达能力。

②作业布置

必做题:(1)已知直线 l 经过 $C(16,8)$,$D(4,-4)$ 两点,求直线 l 的倾斜角。

(2)教材第86页练习:第2、3题。

选做题:教材第90页习题3.1B组:第5、6题。

【设计意图】　注重学生个体差异,注意作业内容的针对性和选择性,使不同的学生对所学知识都能及时进行巩固,都能得到不同程度的发展。

6.教学效果分析

本教学设计较好地关注了数学素养的渗透,如倾斜角和斜率概念的引入环节,通过南浦大桥的斜拉索和江岛大桥的桥面坡度,让学生能在情境中发现数学概念,经历用代数方法刻画直线斜率的过程,从而培养学生数学抽象的素养;利用倾斜角和斜率变化关系的图象,建立形与数的联系,描述、分析两者关系,进而培养学生直观想象的素养;通过斜率公式的推导及其应用,让学生学会有逻辑地思考问题,探究运算思路,选择运算方法,形成合乎逻辑的思维品质,以此来培养学生的逻辑推理、数学运算的素养。8个问题环环相扣,启发引导学生,使学生在分析、探究、交流等基本活动中逐步掌握知识与方法,积累数学经验,提高分析和解决问题的能力。

(二)认识不等式说课

各位老师,大家好! 今天我说课的课题是认识不等式。

"认识不等式"选自浙教版八年级上册第三章第一节。本节课的主要内容是根据数量关系列不等式和用数轴表示不等式,是"数与代数"这一领域中的一个重要内容。本节课是在学生已经学习了等式和等式的基本性质的基础上进行的。学生以前考虑的大多是量与量之间的相等关系,但是在现实生活中,还存在着许多量与量的不等关系,这说明不等式也是刻画现实世界的一种数学模型。本节课作为本章的起始课,是从研究数量的相等关系到不等关系的一次转变,对学生接下来学习不等式的基本性质、一元一次不等式和一元一次不等式组都起着引领的作用。

所以,本节课的教学目标设定为:(1)根据具体问题的大小关系了解不等式的意义;(2)了解不等号的意义;(3)会根据给定条件列不等式;(4)会用数轴表示简单的不等式。

本节课的重点为:不等式的概念和列不等式;难点为:在数轴上表示不等式。

接下来我将具体阐述本节课的教学设计。

环节一:看图说话,引出课题

上课前,教师展示一个天平,当左边物体的重量为 x g,右边砝码的克数为 5g 时,天平平衡,此时请用数学语言来表述图中的数量关系,学生容易得到 $x=5$ 这个等式;随后,教师再展示一个天平,当左边物体的重量为 x g,右边砝码的克数为 5g 时,天平左低右高,此时再用数学语言来表述图中的数量关系,学生容易得到 $x>5$ 这个不等式,然后教师揭示:数学是研究数量关系和空间形式的一门科学,生活中存在量与量的相等关系,我们可以用等式这个模型来刻画,如 $x=5$,而我们生活中还存在着许多量与量之间的不等关系,等式不够用了,由此我们需要学习一种新的数学模型来刻画,如 $x>5$,这就是我们今天要学习的"认识不等式"。

这个环节通过天平这个例子,引导学生初步感受生活中存在相等与不等关系的量,正是由于生活的需要,我们就有学习不等式的必要。

环节二:合作学习,引出概念

新课标中提出,要学生领会不等式的意义,首先要为学生提供丰富的生活素材,从大量的实际情境中,抽象出数量关系,建立沟通已知数和未知数的不等式,列不等式,建立刻画实际情境的数学模型。所以在这个环节中,引导学生思考数学合作学习的 5 个实例,在与同伴交流的过程中感受不等式的意义,并用数学符号将生活中的不等关系抽象出来,从而自然引出不等式和不等号的定义。当然,学生在完成每个问题后,教师要提问:"你是怎么列出这个式子的?"引发学生总结通过"看关键词"列不等式的活动经验。

在引出定义之后,教师再让学生举例,"你的生活中存在着哪些不等式",加深对不等式实际意义的理解。

对于很多学生而言,都是从外形去辨别不等式,比如 $a>6,b<8$,但都忽略了不等式的实际意义,所以这个环节其实是在活动中,引导学生经历不等式概念的形成过程,从生活这个角度揭示不等式的本质。

环节三:数学需求,再揭本质

数学是靠两条腿走路的,一个是生活实际需求,一个是数学内部需求。那么在经历了环节二的生活中的不等式,教师再提问:在之前的数学学习中,你有用不等式表达数量关系的经历吗?这个活动是建立在学生已有的认知发展水平和已有的知识经验上,从数学的角度揭示不等式的本质。

然后,教师提出数学例1,在学生列完不等式之后,提问学生"你是怎么列出这个式子的?"引发学生总结通过"看关键词"列不等式的活动经验。

环节四:操作绘图,数轴表示

等式如 $x=5$ 是对一个数值而言的,不等式如 $x>5$ 却是无穷多个数的集合,对一个数值,学生在七年级已经学会利用数轴上的一个点来对应表示,以及数轴上的点与实数一一对应。相应地,对于无穷多个数的集合,是否也能在数轴上表示出来呢?基于这样的对比与思考,我这样进行设计:

问题1:不等式 $x \geqslant 5$ 它可以表示哪些数呢?你能举几个例子吗?

引发学生感受 $x \geqslant 5$ 表示的是很多数的集合。

追问:刚才大家说的6、7、8在数轴上都能用一个个点对应表示,那么如何在数轴上表示 $x \geqslant 5$ 这个集合呢?请你尝试一下。

在学生尝试、讨论后,请一位正确的学生上来操作,并讲解自己的做法。

问题2:教师擦去 $x = 5$ 这个点,变为空心,并提问,这表示的还是 $x \geqslant 5$ 吗?从而引导学生注意临界点的绘制,以及再次体会数轴与实数之间的一一对应。

在学生已经初步掌握了用数轴表示不等式之后,教师给出 $x \leqslant -3$ 和 $0 < x \leqslant 4.5$ 两个不等式让学生尝试去画,教师请两个学生上来画并说明过程,最后和学生一起总结活动经验:先定界点,再定虚实,定方向。

之后,教师再提出一个问题:对于 $x > a$ 这个不等式在数轴上该怎么表示? a 在哪呢?教师在数轴上找点,让学生体会 a 的任意性,再引导学生利用简易数轴表示 $x > a$。之后对 $x \leqslant a$ 和 $b \leqslant x < a(b < a)$ 进行表示。

在这个环节之后,教师点出:刻画不等关系,可以利用不等式,还可以利用数轴,这就是我们数学学习中的一个非常重要的数学思想方法:数形结合。

环节五:结合实际,巩固概念

结合实际问题,建立不等式模型,分析和解决问题,始终是学习和研究不等式的核心,既是出发点,也是落脚点。在这个环节,教师逐步呈现例2的2个小题,引导学生感受不等式在解决实际问题的作用。

在课堂最后,教师提问学生"你有什么收获?可以从本节课的知识层面、活动经验、数学思想方法层面等去谈谈"。并布置今天的作业。

以下二维码中展示了温州大学2020级应用数学专业教育研习(一)课程中的几个典型说课案例供参考。

陈芳教育研习(一)手册　分式(初中新授课)　中心对称(初中新授课)

总体百分位数的估计(高中新授课)　直线与平面垂直的判定(高中新授课)　二次函数与一元二次方程、不等式(高三复习课)

第二节　中学数学教师资格证书考试面试技能

国家教师资格考试是由国家建立考试标准，省级教育行政部门统一组织的标准参照性考试，是一种国家教育统一考试项目。教师资格考试标准是教师职业准入的国家标准，是从事教师职业的最基本要求，是进行教师资格考试的基本依据。参加中学教师资格考试的人员，应具备大学本科毕业及以上学历。教师资格考试分为笔试和面试两部分，考试命题突出专业导向、能力导向和实践导向。在校师范生一般从大三第二学期开始才可以参加教师资格考试，本节谈谈中学数学教师资格证书考试面试技能。

一、中学教师资格考试面试概述

中学教师资格面试大纲是中学教师资格面试考核的基本依据。中学教师资格考试分初级中学教师资格考试和高级中学教师资格考试。面试大纲包括测试性质、测试目标、测试内容与要求、评分标准与评分表、测试方法与程序、试题示例六个部分，每个部分具有不同的作用和要求。

(一)面试测试目标及内容要求

面试主要考察申请教师资格人员应具备的新教师基本素养、职业发展潜质、教育教学实践能力，主要包括：①良好的职业道德、心理素质和思维品质；②仪表、仪态得体，有一定的表达、交流、沟通能力；③能够恰当地运用教学方法、手段，教学环节规范，较好地达成教学目标。

大纲将面试考察内容规定为八个方面，其中职业道德、心理素质、仪表仪态、言语表达、思维品质等属于教师基本素养的要求，教学设计、教学实施和教学评价等属于教师教学基本技能的要求。每一个方面只是从中学教师职业要求的角度提出了具体考察指标，其内容不具有全面性和系统性。具体如下：

(1)职业道德。①热爱教育事业，有较强的从教愿望，正确认识、理解教师的职业特征，遵守教师职业道德规范，能够正确认识、分析和评价教育教学实践中的师德问题。②关爱学生、尊重学生，公正平等地对待每一位学生，关注每一位学生的成长。

(2)心理素质。①积极、开朗，有自信心，具有积极向上的精神，主动热情工作，具有坚定顽强的精神，不怕困难。②有较强的情绪调节与自控能力，能够有条不紊地工作，不急不躁，能够冷静地处理问题，有应变能力，能公正地看待问题，不偏激，不固执。

(3)仪表仪态。①仪表整洁，符合教育职业和场景要求。②举止大方，符合教师礼仪要求。③肢体语言得体，符合教学内容要求。

(4)言语表达。①语言清晰，语速适宜，表达准确；口齿清楚，讲话流利，发音标准，声音洪亮，语速适宜。讲话中心明确，层次分明，表达完整，有感染力。②善于倾听、交流，有亲和力,具有较强的口头表达能力。③善于倾听别人的意见,并能够较准确地表达自己的观点。在交流中尊重对方、态度和蔼。

(5)思维品质。①能迅速、准确地理解和分析问题,有较强的综合分析能力。②能清晰有条理地陈述问题,有较强的逻辑性。③能够比较全面地看待问题,思维灵活,有较好的应变能力。④能提出具有创新性的解决问题的思路和方法。

(6)教学设计。①了解课程的目标和要求,准确把握教学内容,理解本课(本单元)在教材中的地位以及与其他单元的关系。②根据教学内容和课程标准的要求确定教学目标、教学重点和难点。③教学设计要体现学生的主体性,因材施教,选择合适的教学形式与方法。

(7)教学实施。①能够有效地组织学生的学习活动,注重激发学生的学习兴趣,有与学生交流的意识。②能够科学准确地表达和呈现教学内容。③能够适当地运用板书,板书工整、美观、适量。④能够较好地控制教学时间和教学节奏,合理地安排教与学的时间,较好地达成教学目标。

(8)教学评价。①在教学实施过程中注重对学生进行评价。②能客观评价自己的教学效果。

(二)面试的评价

中学教师资格面试评分参考表 5-2-1。评分标准来源于测试内容与要求,但具体表述更加简化,而且与评分表中的测评要素相一致。面试大纲还确定了每一个部分内容的权重,确定依据是其内容的重要程度和可测性。

表 5-2-1　中学教师资格考试面试评分表

序号	测试项目	权重	分值	评分标准
一	职业道德	5	2	较强的从教愿望,对教师职业有高度的认同,对教师工作的基本内容和职责有清楚了解
			3	关爱学生,尊重学生、平等对待学生,关注每个学生的成长
二	心理素质	5	3	活泼、开朗,有自信心
			2	有较强的情绪调节能力
三	仪表仪态	5	2	衣着整洁,仪表得体,符合教师职业特点
			3	行为举止稳重端庄大方,教态自然,肢体表达得当
四	言语表达	15	8	语言清晰,表达准确,语速适宜
			7	善于倾听、交流,有亲和力

续表

序号	测试项目	权重	分值	评分标准
五	思维品质	15	3	思维缜密,富有条理
			4	迅速地抓住核心要素,准确地理解和分析问题
			4	看待问题全面,思维灵活
			4	具有创新性的解决问题的思路和方法
六	教学设计	10	4	了解课程的目标与要求、准确把握教学内容
			3	能根据学科的特点,确定具体的教学目标、教学重点和难点
			3	教学设计体现学生的主体性
七	教学实施	35	6	情境创设合理,关注学习动机的激发
			10	教学内容表述和呈现清楚、准确
			4	有与学生交流的意识,提出的问题富有启发性
			8	板书设计突出主题,层次分明;板书工整、美观、适量
			7	教学环节安排合理;时间节奏控制恰当;教学方法和手段运用有效
八	教学评价	10	5	能对学生进行过程性评价
			5	能客观地评价教学效果

二、面试的基本过程与要求

面试采用结构化面试、情景模拟等方式进行,考生通过抽题、备课、试讲、答辩等环节,完成面试。

面试采取结构化面试和情景模拟相结合的方法,通过抽题备课、试讲、答辩等方式进行。考生按照有关规定随机抽取试题进行备课,备课时间为 20 分钟。接受面试时间为 20 分钟,包括回答随机抽取的两个规定的问题,思考并回答约 5 分钟、试讲约 10 分钟和答辩约 5 分钟。面试小组考官根据考生面试过程中的表现,进行综合性评分。

考生进入备课室后,按照有关规定随机抽取试题。考生要认真浏览试题及其要求,在备课提纲上进行备课,备课时间为 20 分钟。备课提纲主要有课题、教学目标、教学过程和板书设计等栏目,考生在备课时先要读透试题,迅速确定简要的教学目标(主要是知识与技能),写出教学过程提纲,最后进行板书设计。其中,教学的简要过程和板书设计是备课的关键。备课时间非常有限,因此既要用足备课时间,同时备课时间到时也要从容离开备课室,进入面试考场。

即兴问答是面试的第一项内容,它要求考生对试题库中随机抽取的两个规定问题用 5 分钟左右的时间(包括评委读题、考生思考和回答)进行现场回答,主要考查考生的教师职业道德、心理素质、仪表仪态、言语表达和思维品质等因素。考生在即兴演讲环节,要听清问题,可稍作思考后回答;每个问题的回答时间,一般掌握在 2 分钟左右;回答完后,要向考官礼貌地说"回答完毕!"

试讲是面试的核心部分,用时约 10 分钟。在 10 分钟左右的试讲过程中,要求根据试题内容和要求,目的明确、重点突出、条理清楚地进行讲授,同时适当体现师生互动的氛围。在讲解期间,根据需要适当板书,板书要符合基本规范。另外,要特别注意防止把试讲当成说课,试讲是对真实课堂某一片段在没有学生情况下的模拟,要体现真实课堂的基本元素。

试讲之后,面试考官会根据考生的试讲情况提两三个有关教学内容和教学方法的问题,考生应根据提问在 5 分钟以内完成问题回答。回答问题时,考生首先要弄清考官的问题,然后简明扼要地回答,切忌把刚才试讲的有些内容重复讲一遍。

【案例 5-2-1】　试讲"函数单调性的运用"提问与回答

"例:已知函数 $y = f(x) = \dfrac{2}{x-1}(x \in [2,6])$,求函数的最大值和最小值。"

考官提问:"函数的最值是函数的局部性质还是整体性质? 为什么把求最值与单调性联系起来? 求最值时,用定义证明单调性有必要吗? 不用单调性可以求题中的最值吗?"

考生可以作如下回答:"函数的最值刻画了函数的整体性质。在求函数的最值时,通过函数的单调性及其图象,可以直观地发现函数的最值,但为了严格起见,还需在图象直观基础上,用定义证明单调性。当然,单调性并非求最值的唯一方法,比如本题就可以利用不等式的方法,即由函数解析式解出 $x = g(y)$,然后由 x 的范围,解出 y 的范围 $m \leqslant y \leqslant M$,并进一步确认 m, M 是某个函数值。"

三、中学数学试讲的类型

试讲试题是中学数学教材(不限版本)中某节课的一个片段。根据数学课的内容特点,试讲大体可以分为概念课、命题课、解题课和混合课四种类型。

(一)概念课

数学概念是反映客观事物关于空间形式和数量关系方面的本质属性的思维形式。概念是经过科学抽象得到的,概念教学要明晰概念的内涵(下定义)和外延(分类),获取概念的主要形式有概念的形成和概念的同化,前者是指从大量的具体例子出发归纳概括出一类事物的共同本质属性的过程,而后者是指学习者利用原有认知结构中的观念来理解接纳新概念的过程。

概念教学的基本步骤依次是:①创设情境引出数学概念;②分析、比较不同的例证,对相关属性进行概括和综合;③从例证中概括出共同特征;④抽象出概念的本质属性;⑤形成概念的定义,并用符号表示数学概念;⑥概念正反例证辨析,进一步明确概念的内涵和外延;⑦概念的初步应用,建立与相关概念的联系。

【案例 5-2-2】　对数的概念试讲

1.试讲题目与要求

"对数的概念"来自人教 A 版高中数学必修第一册(2019 年 6 月第 1 版)"4.3.1 对数的概念",试讲内容为第 122 页至第 123 页例 1 前。

试讲要求:①试讲时间 10 分钟左右;②讲解要目的明确,条理清楚,重点突出;③根据讲解的需要适当板书;④设计一个对数概念形成的过程及符号的练习;⑤讲解对数性质时,要体现由具体到抽象的归纳概括过程。

2.试讲过程

师:同学们,伽利略曾经说过:"给我空间、时间和_____,我就可以创造一个宇宙。"你们知道这第三样东西是什么吗?

师:揭开谜底——这个神奇的发明就是"对数"。到底什么是对数呢? 竟有如此大的威力,今天我们就一起去探索这神奇的"对数"。(激发学生的兴趣,同时感性认识对数的重要性)

师:同学们,上节课通过指数函数我们能从关系 $y=13\times1.01^x$ 中算出任意一个年份 x 的人口总数,那么反之,已知人口总数分别为 18 亿、20 亿和 30 亿,能计算出对应的年份吗?

预设:应该可以算出来,但不知道怎么算。

师:分析题设,通过关系式 $y=13\times1.01^x$,已知人口数 y,求年份 x,即在一个指数式中,已知了什么,去求什么?

预设:已知底数和幂的值,求指数。

师:很好,那么在 $18/13=1.01^x$,$20/13=1.01^x$,$30/13=1.01^x$ 中 x 有解吗?

预设:有,由指数函数 $y=1.01^x$ 的图象可以知道 x 存在且唯一。(此时在副板书大致地画出函数 $y=1.01^x$ 的图象,并画出直线 $y=18/13$,$y=20/13$,$y=30/13$,从图象有交点得出有解。)

师:如何求出这个解呢? 这类问题可以归结为已知底数和幂的值,求指数,这就是我们本节课将要学习的对数。

在数学上,我们定义对数为:一般地,如果 $a^x=N(a>0$,且 $a\neq1)$,那么数 x 叫作以 a 为底 N 的对数(logarithm),记作:$x=\log_aN$,其中 a 叫作对数的底数,N 叫作真数。(同时在板书上精简地写出对数概念)在书写 $x=\log_aN$ 时,强调把底数 a 写在 log 的右下角,真数 N 与 log 齐平,读作"以 a 为底 N 的对数"。

师:根据对数的定义,你能用对数语言来描述 $18/13=1.01^x$ 中的 x 吗?

预设:x 叫作以 1.01 为底 18/13 的对数,记作:$x=\log_{1.01}18/13$。

师:以 4 为底 16 的对数是 2 怎么表示呢?

预设:$\log_416=2$。

师:在对数计算中,数学家发现十进制在数值计算中具有优越性,所以得到了以 10 为底的常用对数,记作$\log_{10}N=\lg N$;在科学技术中以 e 为底数的对数应用非常广泛,称其为自然对数,记作$\log_eN=\ln N$(同时在板书上精简地写出两类特殊对数及说明读法)。

师:对数是我们在求指数式中的指数而引出的概念,那么对数与指数间存在怎样的关系呢?

师:观察指数式:$a^x=N$,对数式:$x=\log_a N$,你能发现 x,a,N 三者在指数式和对数式中的表示各有什么不同?

预设:学生认清对数与指数是同一数量关系的不同形式。

师:通过对指数和对数的认识,你能发现它们之间有何联系?

预设:当 $a>0$,且 $a\neq 1$ 时,$a^x=N \Leftrightarrow x=\log_a N$。(学生第一次接触等价号,解释等价号的数学意义,可以从左边推得右边,也可以从右边推得左边。)

导语:通过指数与对数的关系,下列指数式存在对数式吗? 若有,请写出。

$2^x=13$　　$1.2^x=-2$　　$0.3^x=0$　　$a^0=1$　　$a^1=a$

预设:$2^x=13 \Leftrightarrow x=\log_2 13$,$1.2^x=-2$ 和 $0.3^x=0$ 不存在。理由是底为正数的指数式中幂 N 为正数。$a^0=1 \Leftrightarrow \log_a 1=0$;$a^1=a \Leftrightarrow \log_a a=1$。

导语:观察这些式子,你能得出对数有哪些性质?

预设:负数和零没有对数;以 a 为底 1 的对数是 0,以 a 为底 a 的对数是 1。

即 $\log_a 1=0$,$\log_a a=1$。

总结:伽利略说给他对数可以创造一个宇宙,那么对数作为一种计算工具,如何简化计算呢? 今后的学习我们将会感受到对数无穷的魅力。

(二)命题课

数学命题的教学,主要指数学公理、定理、公式、法则等的教学。数学命题的教学不仅是数学概念的展开与深化,同时也是数学问题解决的基础,是形成数学技能、培养数学能力的重要基础。数学命题教学的设计应凸显数学猜想的形成过程,以及数学证明(或说理)的探索发现过程。并按照"观察(实验)—归纳猜想—证明(或推导)—形成命题—简单运用"的数学活动过程进行教学设计,不断发展学生的合情推理和逻辑推理能力。

【案例 5-2-3】　直角三角形的性质探索试讲

问题 1:同学们想研究直角三角形的什么性质?

预设:既然是直角三角形,有一个角是直角,角比较特殊,可以研究一下。

问题 2:直角三角形的角有何性质?

预设:直角三角形的两个锐角加起来等于 $90°$。

师生活动:得到了直角三角形两个锐角之间的关系,这是我们今天要学习的直角三角形的一个重要的性质。(板书)直角三角形的性质:直角三角形的两个锐角互余。

问题 3:对于直角三角形你们还想从什么方面进行研究?

预设:研究直角三角形的边以及重要线段。

问题 4:请同学们观察几何画板模拟:一把木梯靠在墙上,木梯的中点位置有一只青蛙,现让木梯沿着竖直方向下滑,青蛙始终在木梯中点处,问下滑过程中青蛙的轨迹是什么?

预设:半圆的一部分。

追问 1:如果我们把木梯、墙、地面看成整体,它们组成什么图形?

预设:直角三角形,就像楼梯的侧面一样。

追问2:根据以上的模拟情况,可以找到直角三角形边的一些关系吗?

预设:直角三角形斜边上的中线始终保持不变。

问题5:直角三角形的斜边跟什么有关系?

师生活动:接下来请同学们思考这道题。

板书:如图5-2-1,已知D是$Rt\triangle ABC$斜边AB上的一点,$BD=CD$。求证:$AD=CD$。

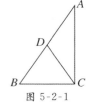

图5-2-1

师生活动:抓住三角形是直角三角形以及$BD=CD$这个条件,灵活应用等腰三角形的性质加以证明。

问题6:从本题中,你能找到直角三角形斜边上的中线长度与什么有关吗?

预设:直角三角形斜边上的中线等于斜边的一半。

师生活动:这是直角三角形关于边的一个重要性质。板书:直角三角形斜边上的中线等于斜边的一半。

(三)解题课

数学解题能力是数学能力的主要标志。解题教学的重点是激发学生思维,因此,要特别注意以下四点:一是突出解题思路分析,要让学生知道"老师是怎么想到的";二是通法优先,也就是"思考时通法优先,作答时优法优先";三是要板演解题的主要步骤,达到对学生的示范作用;四是解题后重视解题方法的总结,并力求进行变式。

【案例5-2-4】 一元一次方程的应用试讲

例:学校组织植树活动,已知在甲处植树的有23人,在乙处植树的有17人。现调20人去支援,使在甲处植树的人数是乙处植树人数的2倍,问应调往甲、乙两处各多少人?

问题1:这道题哪些数据是关键?

师:我们先找已知量,把已知量填入表格中。未知量又有哪些呢?若设应调往甲处x人,则题目中所涉及的有关数量及其关系如何表示呢?(在教师的引导下,师生共同完成表格的填写)

	甲处	乙处
原有人数	23	17
增加人数	x	$20-x$
增加后人数	$23+x$	$17+20-x$

问题2:题目中哪句话体现了等量关系?

师生活动:在甲处植树的人数是乙处植树的2倍。

板演解题过程:

解:设应调往甲处x人,根据题意,得$23+x=2(17+20-x)$。

解这个方程,得 $x=17$。

$20-x=20-17=3$。

答:应调往甲处 17 人,乙处 3 人。

问题 3:如果设调往乙处的人数为 x 人,方程应该怎么列?

总结:列方程解应用题的步骤。

(四)复合课

复合课一般指既有概念又有命题的课,或是既有命题又有解题的课。在这样的教学片段中,概念往往比较简单,因此教学重心在命题或解题上。当然,命题探求往往要充分运用概念,正如张景中提出的"教育数学的三个原理:在学生头脑里找概念,从概念里产生方法,方法要形成模式。总之,概念要平易、直观、亲切,逻辑推理展开要迅速简明,方法要通用有力"。

【案例 5-2-5】　两个平面垂直概念及其判定

教室里的墙面所在平面与地面所在平面相交,它们所形成二面角是直二面角,我们常说墙面直立于地面上。

一般地,两个平面相交,如果它们所成的二面角是直二面角,就说这两个平面互相垂直。

问题 1:如何判定两个平面互相垂直呢?

问题 2:两个平面互相垂直就是其二面角为直角,作出二面角观察一下,若要使二面角为直角,需要什么条件?

预设:其中一个面上的直线会垂直于另一个平面。

问题 3:由此你可以得到有关两个平面互相垂直的判定的猜想吗?

预设:一个平面过另一个平面的垂线,则这两个平面垂直。

最后利用定义验证猜想,形成判定定理,并指出其运用:可以由直线与平面垂直证明平面与平面垂直。

第三节　数学教师招聘考试面试技能

师范生完成了大学毕业所需的学分,通过了中学数学教师资格考试,取得了相应的普通话等级,经过申请,就可以取得初级(或高级)中学数学教师资格证书。接下来,师范毕业生在入职前将面临新教师招聘的严峻挑战。数学教师招聘考试面试技能训练,一般安排在第七学期"教育研习(二)"课程中。本节对数学新教师招聘考试面试中的"结构化面试"和"试课"这两种重要方式加以介绍。

学生教育研习(二)手册撰写案例

一、结构化面试

结构化面试也称即兴问答或即兴演讲,是教师面试的一种主要形式,它要求考生对一至两个问题在规定时间内(包括评委读题、考生思考和回答)进行现场回答,以考查考生的教师职业道德、心理素质、仪表仪态、言语表达和思维品质等教师素养。

(一)即兴问答的要求

1.思维的敏捷性、条理性

即兴问答是在当时情境的激发下而做的临时性的演讲,时间短,没有更多的时间让人思考,演讲者必须迅速接受即兴演讲话题这一信息的刺激,产生紧张感,然后迅速对输入的信息做出反馈处理即"审题"判断,以便尽快展开定向思维;接着需迅速"搜索枯肠",挑拣出有关的知识、印象和经验;快速分清主次轻重,迅捷建构,安排组合。

同时即兴问答需要注意思维的条理性,由于是事先没有准备或没有充分准备,压力特别大,演讲者必须镇定,迅速理清思路,确定中心,处理详略,安排层次,清晰有序地讲。在确立了演讲的主题以后,列出一二三条,层层抽茧,一条一条地讲,这样会显得思路清晰,富有逻辑,而不至于信马由缰,离题太远。

另外,要注意思维不落俗套,思路弃常求异,立论新颖别致。表达独特的感受,需要展开联想、想象,才能使演讲具有新颖性。

2.语言的规范性、得体性

语言的规范性,要求演讲者使用普通话。发音准确、清晰,语调自然,语流顺畅;用词恰当,语义明晰;语法符合现代汉语习惯。

语言的得体性要求:

一是口语化,演讲必须通俗易懂,用口语化的语言。如多用形象性词语,少用抽象性词语;多用普通词语,少用专业词语,多用短小简朴的短句,尽量不用倒装句等,这些都有助于演讲语言的口语化。

二是语言的个性化,指演讲者要用自己的语言表达自己的思想感情、意志和气质,而不是老调重弹,套用那些现成的语言。

三是语言的简洁化。即兴问答有一定的时间限制,不能随兴漫无边际,东拉西扯,尽量"用最少的语言表达最为丰富的内容"。演讲的价值不是由内容的长度,而是由内容的深度和吸引力的大小来衡量的。演讲的成功范例中,长篇大论得到好评的少之又少;相反,简短精辟的演讲由于结构紧凑严谨,思想深邃精练,语言简洁朴素,常常得到听众的赞叹。

3.内容的逻辑性、针对性

即兴问答的内容必须正确、真实、深刻,言之有物,有血有肉,作为即兴演讲,因为时间的限制,内容还应特别注重逻辑性、针对性。

逻辑性的要求是概念准确,判断得当,推理严密,合乎逻辑,解说符合客观实际,传授知识正确无误。

针对性的要求是语言表达必须服从语境的要求,注意话语情境、情感的多样性。要因人、因事、因时、因地、因情、因境施言。针对听众的年龄特征、心理需求、知识水平、政治和经济背景、社会地位等构想内容,进而确定自己所持的态度及所要采取的表达方式,并在一定程度上表现出与听众心理的相融性。

4.表情的适恰性、审美性

这里的"表情"一指声音表情,二指态势表情。即兴演讲者情动于衷而言于表。表,一在"演",二在"讲"。演要具有适恰性、审美性,就是要求演讲者调度好面部表情和眼神、手势,辅助口语表达,增强感染力。要注意态势表情与内容的协调一致,手势动作恰到好处,自然优美,给人以视觉的美感。

讲要具有适恰性、审美性,是指表达的语气语调方面的要求,根据内容恰当使用。语调时高时低,频率时缓时急,音量时大时小,声音时强时弱。时而慷慨激昂,时而声情并茂,时而机智幽默,时而妙趣横生,时而抑扬顿挫,时而如行云流水,春风拂面。抒情贴切,说明清晰,节奏合理,声情并茂,句句动心。

不管是演的态势表情,还是讲的声音表情,都必须是内心感情的真诚流露。因此,要把真情投入演讲中去,不可讲大话、空话,对真善美要充满仰慕之情,对假恶丑要充满厌恶之感,这样才会赢得共鸣。

(二)一般教育类即兴问答案例分析

有关教育的即兴演讲,主要涉及教师职业、师德师风、课堂突发事件、教学管理和班主任工作等话题。比如,"在温州有句形容中小学教师的词,叫'双鹿'(这是温州产的一种啤酒),是指中小学教师工作特别辛苦,每天从早六点忙到晚六点。你怎么看待教师这个职业的辛苦呢?",这是属于教师职业的问题;又如"一个学生很想做班干部,但是同学们不选他,你若是班主任将如何处理?",这是属于班主任工作的问题。

【案例 5-3-1】 教师要成为大先生

题目:习近平总书记曾强调:"教师要成为大先生,做学生为学、为事、为人的示范,促进学生成长为全面发展的人。"你是怎么理解这句话的?

参考答案:在中国,先生二字是一种尊称,是对父兄长者和教师的称呼。大先生更是对有德业者的尊称。只有人格、品德、学业上能为人表率者才可称为大先生。习近平总书记的讲话,对教师在政治上、专业上、教育上都提出了更高的要求。

"善为师者,既美其道,又慎其行。"教师的言传身教影响着学生的思想形成和人格养成。教师的道德标准、价值观念、境界情怀具有较强的示范性。教师正是以其言传身教呈现出的师德师风教育，引导着学生的日常言行，培养着学生的个人修养。因此，教师要努力成为大先生，做学生为学、为事、为人的示范。

教师要做大先生，就要把立德树人作为根本任务，培养肩负中华民族的伟大复兴重任的下一代。学生正处于人生观、世界观、价值观形成的关键时期，教师要坚持党的教育方针，践行学为人师、行为世范的格言，要不断提升自己的思想道德修养，树立崇高的师德师风，以身作则，为人师表，成为学生树立理想信念、刻苦学习、奉献祖国的引路人，把学生培养成为德智体美劳全面发展的社会主义建设者和接班人。

教师要做大先生，还要不断提高专业水平，要严谨治学，深耕科研，研究真问题。要着眼世界学术前沿和国家重大需求，致力于解决实际问题，善于学习新知识、新技术、新理论，认真实践、研究真问题、深入思考及时总结，要坚持深入教育教学一线。只有躬行实践，才有自己的真知灼见。好老师不是天生的，而是在教学管理实践中、在教育改革发展中锻炼成长起来的。教师要始终处于学习状态，站在知识发展的前沿，刻苦钻研、严谨笃学，不断充实、拓展、提高自己。

总之，教师要成为大先生，要站稳讲台，用好课堂教学这个主渠道，坚持立德树人根本任务，坚守为党育人、为国育才的初心使命，努力培养德智体美劳全面发展的社会主义建设者和接班人。

【案例 5-3-2】 珍惜生命

题目：如果要组织一次以"珍惜生命"为主题的班会，作为班主任，请问你如何组织？

参考答案：开展以"珍惜生命"为主题的班会，有助于引导学生正确面对困难和挫折，形成敬畏生命、珍爱生命的价值观。作为班主任，我会认真组织。

首先，班会准备。一是利用自习时间把将要召开主题班会之事传达下去，让学生根据"珍惜生命"的班会主题搜集相关案例和素材，做好班会发言准备；二是购置一盆绿萝，以备班会使用。

其次，开展班会。一是宣布主题，播放短片。播放从新闻中节选的不珍惜生命的案例，如某校学生因多次考试不合格而自杀等，希望通过事例引发学生对生命的思考。二是学生自由发言。鼓励学生到讲台上充分表达自己对珍惜生命的看法，畅谈个人对刚才案例的想法和感慨，或者讲述"勇敢克服困难，努力追求幸福"的故事，启迪学生感悟生命的美好。三是组织宣誓。播放阳光积极的乐曲作为背景，让学生轮流面向全班同学宣誓珍惜生命、热爱生活、永不放弃，并签下自己的名字。

最后，班会结束。宣誓签名后，把绿萝搬到讲台上，告诉大家这是一种生命力很强并且对环境十分有益的植物，即便是随便从其上面折下一段，插在水里也能成活，希望大家能够学习绿萝，永远保持旺盛的生命力。

(三)数学教育类即兴问答案例

【案例 5-3-3】 在教学过程中贯彻立德树人

题目：如何在教学的过程中贯彻立德树人？

回答提纲：

1.阐述定义

立德是培养学生崇高的思想品德,树人指培养高素质人才。德为才之帅,德是做人的根本,是一个人成长的根基,人无德不立。

2.对策解决

(1)针对自身(加强师德师风学习);

(2)针对学科(将立德树人融入学科,结合数学教学例子说明);

(3)针对学生(重视对每个学生的全面素质和良好个性的培养,结合数学教学举例)。

3.总结提升

教育是培养人的,无论是立德树人,还是培养人的核心素养,都是为人的全面发展服务。

【案例 5-3-4】　预设与生成

问题:结合教学案例,谈谈数学教学中预设与生成的关系。

参考答案:课堂是一个充满活力的生命整体,处处蕴含着矛盾,其中生成与预设之间的平衡与突破,是一个永恒的主题。预设与生成是辩证的对立统一体,课堂教学既需要预设,也需要生成,预设与生成是课堂教学的两翼,缺一不可。预设体现对文本的尊重,生成体现对学生的尊重;预设体现教学的计划性和封闭性,生成体现教学的动态性和开放性,两者具有互补性。我们的课堂教学实际上总是在努力追寻着预设与生成之间的一种动态平衡。精彩的生成离不开之前的精心预设,恰当地抓住生成的时机和资源,能够更大程度地提高教学的有效性。课堂教学因预设而有序,因生成而精彩。

结合某教学片段……老师按照课前预设,在学生的回答没有循着老师课前预设的思路时,硬将学生拉回到老师预设的轨道来,这是不符合教学规律的。究其原因,这与老师课前没有精心预设,即如何设问以便更好地启发学生有关,同时也与老师课堂应变能力有关。当学生生成一些好的想法时,老师应该及时加以引导,而不是回避问题。

二、试课

为了有效地考查教师招聘中数学师范考生的教学能力,试课越来越被人们所青睐,成为一种重要的面试方式。试课是一种虚拟的教学方式,即教师在没有学生的情况下,将预设的教学内容模仿实际的课堂教学进行上课。

试课比起教师资格考试面试中的"试讲"和教学技能过关考核中的"模拟上课",它们的区别在于:试课往往是中学数学的一节课教学内容,时间较长(约 15 分钟),没有学生。而"试讲"和"模拟上课"的内容是一节课中的某个片段,一般在 10 分钟左右,有时有模拟学生。

试课作为一种虚拟上课,比较接近真实的课堂教学。由于试课没有学生,往往是一种假想的上课,因此试课者要努力体现上课时师生的双边活动,展现真实课堂中教师活灵活现的教学机智。

与说课相比,试课只需要展示如何教,而不需要说明为什么这么教。而说课既要说教材、说学法教法,又要说教学过程,即说出如何教,并说明为什么这样教,因此试课比起说课,比较难体现考生的教育理论素养。

(一)试课的特点

试课组织灵活。由于试课不需要学生,因此试课时只需评委在场,当场打分。目前考试组织方从公平公正以及考试组织成本的考虑,常常是把考生试课的情景全程录像,评委通过录像予以评分。因此,试课很少受到客观条件的制约。

试课时间较短。试课的内容是中学数学的一节课,但由于试课是一种虚拟课堂,略去了课堂学生的活动与练习的时间,因此一般的试课时间大约15分钟到20分钟,比真实上课时间要短。

试课要求较高。由于试课的课题选择余地大,常常是考生没见过的某个版本的教材内容,因此对考生的教材处理能力提出了较高的要求。同时,试课的备课大多要求限时(一般是一个小时)独立完成,考场内除教材外一般不提供其他参考资料,这对考生在短时间内设计好一堂课提出了挑战。另外,试课时因为没有学生,这就要求考生自导自演、自答自问,既要讲授清晰,又要体现双边活动,这些都对考生的课堂调控提出了极高的要求。当然,由于试课是考生单方的"表演",不会像真实课堂那样受学生活动"生成"的影响,考生可以按照备课的"预设"展开教学,因此试课时考生发挥的余地还是比较大的。

(二)试课的注意事项

课堂教学本是师生互动的双边活动,但在没有学生的情况下,要通过教师的自编、自导、自演,如何让试课变得精彩呢?

试课时要充满自信。在试课时,教师要做到胸有成竹,课堂组织形式要新颖,要尽量放松自己,说话声音要响亮清楚,语言要有感染力,动作要得体、大方。

试课要有精彩的预设,这不但包括预设师生交流的问题、学生活动,预设课堂过程,还要对可能的突发事件进行预设,以使试课更具课堂的真实性。

试课要注意细节。比如试课的开场白,最常见的是"上课,同学们好。请坐下。"也可以是"各位专家、各位评委:上午好。我今天试课的课题是……"等,显示考生的从容。试课时一般不要重复双边活动中学生讲话的内容,如这位同学这么说:……一般可以用"哦……对……"等评价语来替代。

在短时间内完成的试课稿,往往只需理清试课的程序,想好开场白、提问语和结束语,设计好板书。最好把试课的主要内容,如概念、定理、公式、例题等按板书的格式在备课纸上写下来,便于在试课时查看,以防止有些内容表达不完整或漏讲。

(三)片段试课案例:函数的奇偶性

"函数的奇偶性"试课时间约20分钟,要求完成本节课的教学。

环节一:创设情境,引出课题

导语:我们已经学习了用集合的语言、从对应关系说的角度给出了函数的定义,并知道函数是刻画现实世界中各种各样变化关系的模型,研究清楚函数的性质就能掌握事物变化的规律。

问题 1:函数的性质就是变化中的不变性与规律性,结合我们学习过的函数知识以及研究几类函数性质的过程,回答以下问题:

(1)我们可以从哪些角度研究函数性质?

(2)用什么方法可以发现函数的性质?

师生活动:学生思考回答问题,教师点拨。

(1)函数图象的特征;函数的增减性;定义域值域范围;特殊值。

(2)通过函数图象的特征,发现函数的性质。(数形结合)

环节二:偶函数的概念

问题 2:如图 5-3-1、图 5-3-2 分别为函数 $f(x)=x^2-1$,$g(x)=x^{-\frac{2}{3}}$ 的图象,它们有什么共同特征呢?(很明显是"图象关于 y 轴对称的")

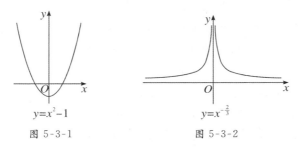

图 5-3-1　　　　　　　图 5-3-2

教师点评:同学们说到函数图象的上升和下降、最高点与最低点、对称性等都是函数性质在图象上的反映,今天我们研究如何用符号语言准确地描述函数图象的对称所反映的性质,这就是函数的奇偶性(板书)。

问题 3:能否从自变量和函数值的数量关系分析,用数学符号刻画"图象关于 y 轴对称"这个特征呢? 以 $y=x^2-1$ 为例。

师生活动:教师引导学生从不同的角度对"自然语言"进行转化。"图象关于 y 轴对称"等价于图象上的任意点 P 关于 y 轴对称的点 P' 都在图象上(宏观→微观)。

追问 1:能不能将其用代数语言描述?(进一步抽象)

在函数图象上任取一点 P,设点 $P(x,f(x))$ 与 P' 是关于 y 轴的对称点,则 P' 坐标为 $P'(-x,f(x))$,因为 $x\in\mathbf{R}$ 的图象关于 y 轴对称,那么 P' 也在函数图象上,因此坐标也可以表示为 $P'(-x,f(-x))$,所以有 $f(x)=f(-x)$。

追问 2:P 点任意说明自变量 x 范围是?(对定义域内任意 x 都成立)

追问 3:点 $P'(-x,f(-x))$ 一定在函数图象上,横坐标 $-x$ 的隐含条件是?($-x$ 也在定义域内))

教师总结:说明函数 $f(x)=x^2-1$,$x\in\mathbf{R}$ 的图象关于 y 轴成轴对称→那么对于定义域 $\mathbf{R}$ 内任给的实数 x,均有 $-x\in\mathbf{R}$,且 $f(-x)=f(x)$。

从解析式角度:定义域 **R** 内,任给的实数 x,都有 $f(-x)=(-x)^2-1=x^2-1=f(x)$。

追问 4:能够计算 $f(-x)$ 的前提条件是?($-x\in\mathbf{R}$)

教师总结:分析得到"函数图象关于 y 轴对称"时函数性质用符号语言表述就是→定义域 **R** 内,任给的实数 x,有 $-x\in\mathbf{R}$,且 $f(-x)=f(x)$,那么函数 $y=x^2-1$ 是偶函数。

追问 5:请你仿照上述过程,说明函数 $g(x)=x^{-\frac{2}{3}}$ 也是偶函数。

定义域 $D=(-\infty,0)\bigcup(0,+\infty)$,定义域 D 内,任给的实数 x,有 $-x\in D$,且 $f(-x)=\dfrac{1}{\sqrt[3]{(-x)^2}}=\dfrac{1}{\sqrt[3]{(x)^2}}=f(x)$,所以 $g(x)=x^{-\frac{2}{3}}$ 也是偶函数。(板书)

问题 4:我们现在得到了两个具体的偶函数,你能给偶函数下一个定义吗?

师生活动:对于函数 $f(x)$ 定义域 D 内任给的实数 x,有 $-x\in D$,且 $f(-x)=f(x)$,称函数 $f(x)$ 为偶函数。

追问 6:以上我们得到了函数图象关于 y 轴对称的函数是偶函数,那么偶函数的图象一定是关于 y 轴对称的吗?(学生思考回答,教师完善)

教师总结:因此我们得到了偶函数的两个等价条件(图形+代数)。

追问 7:你能再举几个偶函数的例子吗?并说明理由。

师生活动:学生举例子并说明理由。老师点评并追问学生,这些函数的图象有什么特征?

环节三:奇函数的概念

问题 5:除了轴对称外,平面上还有非常重要的一类对称关系——中心对称。我们学过哪些函数的图象是中心对称图形呢?(正比例函数、反比例函数图象都是关于原点中心对称。)

追问 8:这两个函数的中心对称点是?(原点)(板书关于原点中心对称)

问题 6:类比偶函数的建构过程,如图 5-3-3、图 5-3-4,请你观察 $f(x)=x$,$g(x)=\dfrac{1}{x}$ 的图象,我们称 $f(x)=x$,$g(x)=\dfrac{1}{x}$ 为奇函数,你能为奇函数下一个定义吗?(ppt)

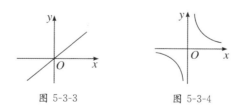

图 5-3-3   图 5-3-4

师生活动:学生观察图象,类比偶函数的定义给出奇函数的定义。

追问 9:你能再举几个奇函数的例子?

师生活动:学生举例子并说明理由,老师点评并追问学生,这些函数的图象有什么特征?

环节四:课堂小结,总结提升

问题 7:请你带着下列问题回顾本节课的学习内容。

(1)奇偶性的定义是什么？奇偶函数的定义域有什么特点？

(2)奇偶函数的图象有什么特征？

(3)判断函数奇偶性的一般步骤是什么？

(4)我们是如何研究函数奇偶性的？

(四)整堂课试课案例:二次函数

1."二次函数(1)"试课实录

展示多媒体图片:篮球赛投篮。

师:我们都知道精彩的篮球赛需要有精彩的投篮,"哇,进球了!"大家看投篮者需要跳多高才能命中篮筐,阻拦者需要跳多高才能盖帽成功呢? 学习了本章二次函数,这些问题将不在话下。这节课就让我们共同走进二次函数。同学们先思考三个问题。

(幻灯片)请用适当的函数解析式表示下列问题情境中两个变量 y 与 x 之间的关系。

问题 1:圆的面积 $y(\mathrm{cm}^2)$ 与圆的半径 $x(\mathrm{cm})$。

师:同学们一起回答。

师:对。$y＝\pi x^2$(板书)。

(幻灯片)问题 2:如图 5-3-5,把面积为 y 的一张纸分割成正方形和矩形两部分。

师:请你回答。

师:好的。$y＝x^2＋4x$(板书)。请解释一下它的含义。

师:哦,这里的 y 表示整个图形的面积,x^2 表示正方形的面积,$4x$ 表示矩形的面积。很好。

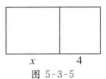

图 5-3-5

(幻灯片)问题 3:王先生存入银行 2 万元,先存一个一年定期,一年后银行将本息自动转存为又一个一年定期。设一年定期的年存款利率为 x,两年后王先生共得本息 y 万元。

师:本息,同学们知道是什么意思吗? 对,本金加上利息。那么这个利息怎么算呢? 请你说一说。

师:好,本金乘以年利率。那这里一年定期的年存款利率记为 x,y 表示本息,思考一下它们之间的关系。好,你来试试。

学生在老师的一步步引导帮助下列出了 y 与 x 之间的关系式。(板书 $y＝2x^2＋4x＋2$)

师:请观察这三个函数,给它们取个名称吧,叫什么函数好呢? 你来试试。

师:哦,叫二次函数,咦,二次函数,这好像是从以前学过的一次函数类比过来的。

(幻灯片)我们把形如 $y＝kx＋b(k\neq0)$ 的函数叫作一次函数。

师:这是一次函数的定义。请同学们对照二次函数的形式,你能给二次函数下一个定义吗? 请你试试。

生:我们把形如 $y＝ax^2＋bx＋c(a\neq0)$ 的函数定义为二次函数。

师:好的,这位同学对比得很工整。二次函数就是这样定义的。那么大家看 $y＝(x-5)^2-x^2$ 这个函数是二次函数吗?

师：有部分同学回答不是。为什么不是呢？（停顿）

师：对，这位同学说得好，化简后二次项不存在。请同学们记住了，这种形式必须是化简后的形式。

师：二次函数的字母好多哦，但这里面主角只有两个，要识别出来。x 代表的是自变量，y 的身份是函数，其他的字母 a,b,c 依次记为二次项系数、一次项系数、常数项。这些字母我们知道它们取的都是实数，那么这里的 x,y 可以取任意的实数吗？

师：对，x 可以取全体实数，那么 y 呢？好的，同学们，这里 y 的范围稍微有些复杂，要想听详细分析我们下节课再分析。a,b,c 呢？这里的 a,b,c 都是常数，而且 a 不能取 0。对于二次函数，我们一定要学会识别，来试一试。

（幻灯片）下列函数是否为二次函数：$y=-1/x^2$；$y=2x^2+4x+2$；$y=\pi x^2$；$y=x(1-x)$；$y=(x-1)^2-(x-1)(x+1)$。若是，请指出 a,b,c 的值。

师：看幻灯片上这个二次函数（$y=x^2+4x$），这里的 x 的身份是什么？ 对，它表示的是正方形的边长，有它的实际意义，那么这里的 x 能取任何实数吗？

师：哦，边长只能取正数，那么在正数的范围内，我们来取个数，$x=2$，$y=?$

师：12。算得真快，那么我们反过来，如果让 y 等于 2 呢，你能算出 x 吗？请你说一下结果。

师：x 等于 $-2+\sqrt{6}$。咦？本来有两个的呀？

师：哦，x 要大于 0，表示边长。这里告诉你 y 值去求边长，它的本质就是去解一个一元二次方程。求出的解要根据实际情况检验一下。好，刚才这个二次函数是根据面积关系得到的，那么二次函数的解析式还有其他求法吗？

（幻灯片）确定下列函数各需要几对变量的值？

$y=kx$，$y=k/x(k\neq0)$，$y=kx+b$，$y=ax^2+bx+c(a\neq0)$

师：看这里，确定下列函数各需几对变量的值？ 这是正比例函数，这是反比例函数，确定一个函数也就是把这里的常数 k 要定下来，要取几对变量值？

师：好的，1 对，那么一次函数呢？ 你来说说。

师：好的，要确定 k 和 b，只需要两对变量。同学们，那么你们来猜测一下确定一个二次函数，也就是把 a,b,c 定下来需要几对变量呢？

师：猜得好，3 对变量值，3 对，稍微有些复杂，我们来一个简单点的。

（幻灯片）已知二次函数 $y=ax^2+bx+3$，当 $x=2$ 时，函数值是 3；当 $x=-2$ 时，函数值是 2。求这个二次函数的解析式。

师：请同学们把本子拿出来，把过程写一下。好，这位同学请你板演一下。

师：好，同学们，看你们做得对不对，来校对一下。这位同学，请你小结一下这位同学的板演过程。

学生在老师的提示下完成了小结过程。总结为：设—代—解—写（板书）。

师：由于这道题目的二次解析式给你了，所以就不用设了。

师：像这种求解二次函数解析式的方法就叫作待定系数法。那么利用待定系数法求解一个二次函数的实质是什么呢？它的实质是解一个方程组。最后，请同学们观察与操作。

（幻灯片）如图 5-3-6，一张正方形纸板的边长为 2cm，如何裁剪可得到一个内接正方形？

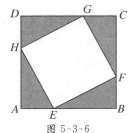

图 5-3-6

师：这里有一个正方形，它的边长为 2cm，要裁剪一个内接正方形，请同学们看老师操作。我在四边上各取一点，满足 $AE=BF=CG=DH$，再把这四点顺次连接，得到的这个图形就一定是个正方形。为什么呢？你来说说。

师：他说，这四个直角三角形是全等的，得到 EF,FG,GH,HE 这四边相等，所以就是正方形。

师：哦，对吗？你来说下。

师：对，还要说明有一个角是直角。有一个角是直角的菱形是正方形。还可以怎么说明啊？（停顿）

师：对，可以先说明四边形 $EFGH$ 是一个矩形，再说明它的一组邻边相等。

师：这里我们假设 DH 的长度是 x，由这些信息出发，你能得到哪些式子呢？

师：好，你来说下。

师：嗯，这里的 HA 可以表示出来。$HA=2-x$（板书），还有吗？

师：对，$EH=\sqrt{x^2+(2-x)^2}$（板书），你想到了三角形的周长，对呀，你看三边都出来了。我们用符号 C 表示周长，那么三角形的周长 $C=\sqrt{x^2+(2-x)^2}+x+(2-x)$（板书）。

师：嗯，对了，这位同学还想到了面积，我们把面积记作 S，那么这里 $\triangle HAE$ 的面积 $S=(2-x)x/2$（板书）。既然想到了三角形的面积，这里还有一个正方形，那么它的面积是什么呢？

师：是，$S'=x^2+(2-x)^2$（板书）。

师：这些函数有我们学过的二次函数吗？

师：对的，有两个。看下面这个 $y=2x^2-4x+4$，这里的 x 的取值范围你们知道吗？

师：小于 2 而大于 0。好，对的。如果已知面积 y，在它的取值范围内 x 取几个数？

（幻灯片）$y=2x^2-4x+4(0<x<2)$，如表 5-3-1。

表 5-3-1　函数值对应表

x/m	0.26	0.6	1	1.4	1.74
y/m²	3.0952	2.32	2	2.32	3.0952

师：同学们，计算器动起来。你算得可真快啊，咦，你看到了什么？你来说。

师：对，这里 y 的值是对称的，还有呢？哦，你来。

师：哦，我们一起看一下，从左往右这里是减小的，接下来又增大了。为什么会具有这些特征呢？同学们，欲知详情，且听今后几节的分析。

师(小结):这节课我们认识了新朋友二次函数,需要掌握它的这几个内容:首先你得能够认出来;然后指出 a,b,c,会求两个变量值,会求具体问题中 x 变量的范围,另外会用待定系数法求二次函数的解析式。

师:结识新朋友,不忘老朋友。朋友之间的关系一定要弄清。首先,它们都是函数,而我们最先认识的函数是一次函数,正比例函数是它的特殊形式,由正比例函数我们会联想到反比例函数,而由一次函数我们会联想到今天的二次函数,到初三下册我们还会认识三角函数,而到高中,我们会认识到更多的函数。同学们,请保持这份期待的学习心理吧,它将是今后进步不竭的动力。好,同学们,下课!(浙江省永嘉县金凤老师)

2.“二次函数(1)”试课评析

这是一节比较成功的试课案例,不管是试课要求、教学目标达成度、教材处理、教学程序设计、教学方法、教学手段还是教师基本功都有可圈可点之处。下面说说本节课的几个亮点:

(1)虚拟的双边活动出彩又逼真。常说试课就像唱独角戏,甚至是自言自语,一点意思都没有,但我们刚才观看的视频,体现双边活动的语言、动作,如“你来说说,哦,对了,哦,你想到了三角形的周长,好的,你真棒,你还有什么想法,同学们算得可真快啊”等等,几乎贯穿全堂,有如置身于真实课堂的感觉。

(2)女性教师的优势得以淋漓尽致地发挥:斯文秀气的外表,自然大方的教态,一副眼镜、一杆教鞭,很具教师相。举止优雅、言辞委婉,有较强的亲和力和乐群性,使学生倍感亲切和信赖。说起话来细腻感人,态度和蔼、可亲,言语流畅、优美,吐字清晰,发音准确、口齿流利,语速适中又注重轻重缓急、高低快慢而显得富有感染力,有如涓涓细流沁入心扉,听起来很轻松、很受用。

(3)时间安排拿捏自如。试课的时间不同于上课,不能拖堂,时间一到必须立即停止。由于时间宝贵,试课一般不读题目。本次试课时限为 20 分钟,减掉擦黑板、前后交接等有效时间为 19 分钟左右,当到 17 分钟时评委或摄影师会有动作提示只剩最后两分钟。在这最后两分钟内必须上完,否则责令离场或不录,金老师在 18 分 45 秒这个理想结束点圆满完成了本节教学。更重要的是整节课节奏把握很好,既没有前松后紧,也没有前紧后松,而是完全按照既定计划执行,很好地体现出实施与计划的一致性、理想与实际的统一性。

(4)教学环节衔接自然,环环相扣,层层递进,凸显出教学设计的巧妙和高明。投篮是体育中考项目,初三学生非常熟悉,通过这一学生熟悉的运动项目来创设情境,可以激发学生的学习热情;在合作学习中,对“本息和”等难理解的术语做了解释和图解分析,较好地突破了本节课的难点;用 $y=(x-5)^2-x^2$ 来落实通过化简后具有 $y=ax^2+bx+c$ 这种形式的函数才是二次函数,较好地落实“理解二次函数的概念,掌握二次函数的形式”这一教学目标;巧妙地运用类比的手段概括出二次函数的概念和用待定系数法确定二次函数的解析式;通过类比 $y=kx$,$y=k/x$,$y=kx+b$ 各需要几对变量的值来确定函数解析式的方法,轻松得到要确定 $y=ax^2+bx+c$ 需要三对变量的值,然后自然过渡到已知两对变

量的值如何确定 $y=ax^2+bx+3$ 的解析式,"哦,两对,好,当 $x=2$ 时,函数的值是 3,当 $x=-2$ 时,函数的值是 2,你能求出解析式吗? 拿出本子来试试。"在不知不觉中巧妙地解决了教材上最后一个例题和第四个教学目标。对例 2 的处理也比较成功,如通过如何裁剪,一题多解,设 $CH=DE=AF=BG=x$ 来表示边长、周长、面积,建立二次函数和其他函数的模型,确定自变量 x 的取值范围,问题开放,调动了学生的思维,轻松地落实了教学目标。

(5)课堂小结不落俗套。金老师的小结从二次函数的概念、解析式的求法,到用维恩图来表示多种函数的关系,高度概括又很具有发展性。这与目前课堂教学中的小结流于形式,如"学习了本节课后你有什么收获?"或把概念或板书念一次等,形成了鲜明对比。

当然上课是一门遗憾的艺术,不可能十全十美,况且仁者见仁、智者见智。如本节课中通过合作学习给出三个函数:$y=\pi x^2$,$y=x^2+4x$,$y=2x^2+4x+2$,能否先让学生讨论一下它们有什么共同特点(教师可有意停顿),再用类比的方法进行二次函数的概念教学。又如,例 2 表格中自变量的取值 0.26、0.6、1、1.4、1.74 改回教材上的 0.25、0.5、1、1.5、1.75,是不是更好? 因为 0.26、0.6、1、1.4、1.74 既没有新意,又给计算带来麻烦,还不符合平时的习惯,在今后用描点法画抛物线的草图时会取这些值吗? 教材用列表表示四边形 $EFGH$ 的面积,肯定有它的意图,如金老师所讲的对称性、单调性,能否再引导学生观察当 $x=1$ 在五个数值中面积是最小的,是不是在 $0\sim2$ 的范围内一定是最小的呢? 有待于我们进一步来探究二次函数的图象和性质。因为最值问题是二次函数最重要的性质之一,二次函数的应用大都与最值有关。本节是二次函数的章起始课,章起始课往往有承上启下的作用,尤其是启下的作用,这样处理可以增强学生的求知欲,为后续学习打下伏笔,做好铺垫。

试课视频:高中必修 2.1.1
倾斜角与斜率(徐丽云)

试课视频:高中选修 6.3.1
二项式定理(包鸿杰)

试课视频:高中必修 5.3.1
诱导公式(刘丽文)

第四节　中学数学类本科毕业论文

本科毕业论文是学生用以申请授予学士学位提交的论文,它体现了作者本人从事创造性科学研究而取得的成果和独立从事专业技术工作所具有的学识水平和科研能力。由于论文的写作是为了获得学位,因而它具有不同于一般学术论文的特点和要求。

本科毕业论文具有历时时间长(约 8 个月)、课程学分多(8 个学分)等特点,对全面落实教学计划、检查学生专业学习质量和培养学生的研究能力等方面都有着重要意义。对于师范生来说,毕业论文的撰写将为他们今后从事教学与科研打下良好的基础。

一、毕业论文的程序与要求

本科毕业论文一般从每年10月份开始启动,到第二年5月份结束,大体经过论文开题、论文撰写和论文答辩三个阶段。

(一)论文开题

毕业论文工作每年10月份开始启动,先是指导教师选题申报,经学院审题后向学生公布论文题目。学生根据自己的实际情况选择论文题目,并经指导老师确认,开始毕业论文工作。论文开题阶段主要由任务书、开题报告、文献综述和文献翻译等环节构成。

(1)任务书。由指导教师填写,一般于每年的10月份下达。通过任务书,指导教师负责向学生讲解任务书中所规定的论文具体要求和目标,学生按照任务书的要求开始毕业论文撰写的有关工作。

新高考"概率与统计"题目的研究任务书

(2)开题报告。由学生撰写,一般于每年的11月份完成,要求字数不少于2000字。开题报告的内容包括:选题的背景和意义;研究的基本内容和拟解决的主要问题;研究的方法及措施;研究工作的步骤与进度;主要参考文献等。开题报告经指导教师签署意见及学院审定后,学生按照开题报告计划和要求进入实质性的论文研究与撰写工作。

新高考"概率与统计"题目的研究开题报告

(3)文献综述。由学生撰写,一般于每年的12月份完成,要求不少于2000字。文献综述是由学生通过系统查阅与所选课题相关的国内外文献,进行搜集、整理、加工,从而撰写的综合性叙述和评价文章。它要全面地反映与本课题直接相关的国内外研究成果和发展趋势,指出该课题所需要进一步解决的问题。文献综述的特点是综合性、描述性、评价性,它能反映学生的文献阅读能力和综合分析能力。文献包括平时的学习记录或读书笔记、公开发表的论文或出版的著作,以及硕士博士学位论文。此外,为了提高学生的外文运用水平,较熟练地阅读本专业的相关文献,文献中还要求至少有两篇外文文献。

新高考"概率与统计"题目的研究文献综述

（4）文献翻译。由学生与文献综述一同完成,要求翻译的英文文献达到10000个字符以上（或翻译成中文后至少在2000个汉字以上）。翻译的文献应该与所研究的课题有关,从而为论文撰写提供更多的文献参考。

（二）论文撰写

论文撰写一般分三稿完成,一般大四下学期开学初完成论文初稿,三月底完成二稿,四月底完成论文正稿,然后论文进入评阅,五月份论文答辩。论文的每一稿都要提交指导师审阅,听取指导师的意见,不断修订完善。

毕业论文的结构比一般学术论文的要求更完备,格式更严密,字数在10000以上。各学校根据实际情况,对其论文的格式设计略有不同,但大体上包括封面、论文目录、标题、摘要、关键词、正文、参考文献、英文摘要。如果需要,有些内容如调查问卷、案例等可以以附录的方式附于文后。

（三）论文答辩

毕业论文的答辩是审查论文的一种补充形式,是对论文的最后检验,是对学生学术水平和研究能力的综合考核,也是学生再学习、再提高的一个过程。通过论文答辩,使学生明确论文存在的问题及进一步修改完善的方向。

1. 答辩的准备

学生毕业论文答辩前应做好充分准备,积极参加答辩。

（1）做好思想准备。一方面要认识到答辩就是向老师汇报个人的研究成果,它关系到成绩的评定、学位的获得,从思想上要引起足够重视,树立必胜信心,力争答辩出好成绩,绝不能麻痹大意,马马虎虎,走过场;另一方面也不要害怕、紧张,精神尽量放松,大方、自然回答即可。

（2）写好答辩报告（含答辩课件）。答辩报告既是内容的简述,更是论文的提炼、充实和评析。应做到突出重点,抓住关键,简要清晰,逻辑性强。只有事先拟好答辩报告,并能对老师提出的问题回答在点子上,才能收到良好的答辩效果。

答辩报告的内容一般包括以下七个方面:①选题方面,包括选题的动机、缘由、目的、依据和意义,以及课题研究的价值;②研究的起点和终点,该课题前人做了哪些研究,其主要观点或成果是什么,自己做了哪些研究,解决了哪些问题,提出了哪些新见解、新观点,采取了怎样的研究路径和方法等;③主要观点和立论依据,列出可靠、典型的资料、数据及其出处;④研究成果,研究获得的主要创新成果,及其学术价值和理论意义;⑤存在的问题,有哪些问题需要进一步研究、探讨,并提出继续研究的打算和设想;⑥意外发现及其处理,设想和研究过程中有哪些意外发现还未写入论文中,对这些发现有何想法及其处理意见;⑦其他说明,论文中所涉及的重要引文、概念、定义、定理等是否清楚,还有哪些需要说明的问题等。

另外,答辩前还要围绕毕业论文的内容,准备答辩小组老师可能提出的问题,思考相应的回答内容,比如论文中某个比较重要的结论是如何得到的,某个数学定理推导的思路说明等。

2. 答辩的进行

毕业论文答辩的过程,就是答辩学生阐述论文内容、回答老师提问并进行辩护的过程。其具体程序是:

(1)答辩开始,由答辩委员会主任或答辩小组组长宣布答辩纪律、参加答辩名单、先后次序及其安排和要求。

(2)学生宣讲论文,要求抓住关键、突出重点,简明扼要,时间一般在10分钟左右。

(3)学生回答,这是答辩的关键时刻。总的要求是,回答要紧扣所提问题的本质,运用所学知识,按照答辩报告提纲所准备的有关内容进行回答,并力求语言简洁流畅、说理清楚、有条不紊。对答辩老师提出的疑问,要慎重回答。有把握的,可以略加思索进行回答;没有把握的,要实事求是,虚心向老师表示弄明白了以后再回答,切不可强辩。

(4)学生答辩结束后,应从容、礼貌地退场。答辩小组根据学生论文及答辩情况,做出小结和成绩评定。答辩结束后,答辩同学还要按照答辩小组老师的意见和指导老师安排,进行必要的修改,最终将毕业论文定稿并提交学院。

(四)论文评定

答辩结束后,由指导教师、评阅人及答辩小组所评定的成绩综合起来,经审核后定出毕业论文成绩。学院(或系)还将以专业为单位向学校推荐优秀毕业论文,篇数一般为不超过专业人数的10%。

毕业论文成绩一般分为优秀、良好、中等、及格和不及格五级,论文评定可按如下标准。

优秀:①论文观点明确,论据充实,具有一定的创造性见解;②能综合运用专业理论知识,收集的资料完整、丰富,引用数据准确,图表清楚正确;有较强的分析、运算和论证能力;③行文流畅、条理清楚、结构合理、格式符合要求。

良好:①论文观点明确,能用所学专业理论知识分析问题、解决问题,有自己的见解;②资料较完整、数据齐全,图表清楚、正确;有一定的分析、运算和论证能力;③行文通顺、条理清楚、格式符合要求。

中等:①论文观点较为明确,运用所学专业理论知识分析问题、解决问题时没有错误;②资料较完整、数据尚齐全,图表较清楚;有一定的分析、运算和论证能力;③行文较通顺、条理清楚、论证有一定的说服力,格式符合要求。

及格:①论文观点基本正确,运用所学知识分析问题、解决问题时没有科学性差错;

②收集有一定的资料、有一定的数据,但结论尚欠充分;图表基本正确;③行文基本通顺、条理基本清楚,论证尚能说明观点,格式基本符合要求。

不及格:①结论含糊不清或有严重错误,运用所学专业理论知识时有科学性错误;②资料贫乏、不能证明论点,数据凌乱,图表不清,分析、运算和论证能力差;③行文不通顺,格式不符合要求;④抄袭他人作品者,按不及格论。

【案例 5-4-1】 "中学数学习题的编制"毕业论文评语

该毕业论文选题符合专业特点。论文通过大量中考、高考题的鉴赏与分析,归纳总结出中学数学习题编制的原则、基本方法与技巧,对中学数学教学有一定的启示。论文设计和构思基本合理,结构较严谨,层次较分明。但论文中的案例分析流于表面,不够深入,理论与实际结合不够自然,论述不够充分,创新点较少。全文语言表达较准确,文字比较流畅,格式基本规范,是一篇中等水平的本科毕业论文。

二、毕业论文的选题

(一)选题的原则与方法

毕业论文选题通常由指导老师拟定,也可结合学生的研究兴趣共同拟定。

1. 选题的原则

一般来说,论文选题应遵循下述原则:①选题要符合本专业的培养目标,满足学生今后从事教学和继续深造的基本要求,有利于学生独立工作能力的培养,重视开发学生的创造力;②选题要有典型性、完整性,要结合实际问题和科学研究;③选题应具有一定的深度和广度,要使学生在规定的时间内,经过努力有把握完成;④选题应根据自己的特长、爱好和知识基础而进行,确保完成任务。

毕业论文选题的好坏主要看以下五点:选题是否有价值;选题是否有科学的现实性;选题是否具体明确;选题是否新颖,有独创性;选题是否具有研究的可行性。

【案例 5-4-2】 初中数学模型思想及其教学研究

论文"初中数学模型思想及其教学研究"一文,其研究基于教育部颁布的《义务教育数学课程标准(2022 年版)》提出的"四基",即基础知识、基本技能、基本思想和基本活动经验。而基本思想包括数学抽象的基本思想、数学推理的基本思想、数学模型的基本思想以及数学审美的基本思想。本文的研究着重探讨数学模型思想的内涵,并借助教学案例探讨如何开展初中数学模型思想的教学。

这样的选题不但有价值、有现实性,问题也比较明确,而且问题新颖,师范生能结合教育理论和教育实习等实践经验,开展该课题的研究。

2. 选题的方法

在上述原则下,要力求选择具有一定创新意义的内容作为毕业论文题目。①选择新理论、新观点、新方法的内容为选题。这类选题难度大,要求作者从创新的角度探求新理论、新观点、新解释;研究新方法;对命题、定理给出新的证明,或加以推广。②选择数学学科间交叉点的内容为选题。这类选题要求作者"移植"不同学科的理论、研究思想、数学方法,解决另一学科的某些问题作为选题。如用正行列式解排列组合问题,等等。③选择"改进""推广"的内容为选题。这类选题有一定的深度,要求作者对教科书中有关的概念、公式、法则、性质、定理,进行订正、改进、推广等内容为选题。④选择某个数学专题的内容为选题。这类选题的论文较为常见。这类选题往往带有"总结"性的特点,要求作者从不同角度,有创意地分析、演绎、归纳出规律性的东西。⑤选择数学应用的内容为选题。这类选题是广泛的,例如等周定理的应用,它要求作者运用所学知识,优化数学模型,提出可行的方法,给出有价值的结论。

除此之外,还可以选择某些专题综述性的、教材教法总结性的、某些现象调查性的以及某些专题(如教材比较)比较性的等一些有意义的内容为选题。

毕业论文的选题与标题(题目)的选择、确定是辩证的统一体。也就是说,在选题原则下,在师生双向选择的过程中,经过反复推敲,最终确定题目。

(二)中学数学类毕业论文选题

根据数学与应用数学(师范)专业特点和论文内容范围,中学数学类毕业论文选题可分为两大类:一是中学数学研究论文;二是中学数学教学研究论文。

1. 中学数学研究论文

数学研究论文在科学性和逻辑性方面要求较高。在科学性方面,要求数学研究论文的内容符合数学事实,其理论准确无误,严谨而富有逻辑性,还要求文章符合数学科学发展的最新进展。逻辑性要求数学论文脉络清晰,结构严谨,前提完备,演算、论证正确,图表精致,前呼后应,自成系统。

数学研究论文大致可从以下几个方面入手:①探索新命题,做出猜测和证明;②对已有的结论、成果做推广与移植;③站在新高度,运用新观点分析研究某些重要问题。因此论文往往包括三部分:一是问题的提出与背景;二是给出新成果、新结论;三是对新成果的论证和应用。

中学数学研究论文一般包括中学数学专题研究论文以及高等数学背景下的初等数学研究论文两个方面。

中学数学专题研究论文是对中学数学中某个问题或某种方法进行专门论述与探讨的论文,一般分为三类。

第一类是对中学数学定理中的结论的推广、引申、改进以及证明简化的工作。例如,论文"柯西不等式的研究",它以高中新教材"不等式选讲"为研究对象,从众多柯西不等式的研究中寻找适合中学生的证明方法、运用、变形及推广。论文对人们从高观点理解诸如柯西不等式等重要不等式有一定的帮助。

第二类是中学数学综合性专题,是在他人探讨的基础上,做综合的全面叙述,这种叙述比较全面精练、归类合理、例题典型。例如,论文"面积与面积法",对面积与面积法在中学数学中的地位做了分析,总结了面积法在解题中的各种运用,通过对中学生运用面积法解题的测试的分析,提出了有关开展面积和面积法教学的一些设想。

第三类是中学数学解题方法研究方面的论文。数学以解题为特征,解题能更好地帮助我们理解数学,提高知识的综合应用能力。解题是一种创造性应用知识的过程,有利于培养个人的创新能力,提高数学素养。如何寻找一般解题途径,是广大数学工作者研究探索的热门课题之一。例如,论文"试论初等数学研究方法",基于中学教师如何开展初等数学研究这一亟待解决的问题,以及当前初等数学研究方法处于起步、理论化、表面化的现实,从"初等数学研究的意义""初等数学研究中问题的捕捉与发现""初等数学研究的基本方法""初等数学研究论文的撰写"四个方面,对初等数学研究方法进行深入研究。

高等数学背景下的初等数学研究论文,结合高等数学知识探讨中学数学,从高观点俯视初等数学的广阔大地,视野开阔,用普遍联系的观点看问题,抓住本质,解决初等数学中的问题。

【案例 5-4-3】　多项式方程的研究与思考

论文"多项式方程的研究与思考",结合高等数学知识全面地探讨中学多项式的一般理论、不高于四次的多项式方程的求解、多项式高次方程的根的分布、多项式方程实根的近似计算方法等理论,对中学教师系统了解多项式方程的理论,特别是高中数学新课程的实施有一定的指导意义。

【案例 5-4-4】　具有微积分背景的数学试题设计研究

论文"具有微积分背景的数学试题设计研究",从试题设计的角度出发,对近几年高考中出现的具有微积分背景的试题进行了归类分析,主要是以含参数的三次函数、以两个函数和以复合函数为题材的试题,分别对这三类试题进行了分析,归纳出试题设计的特点。结合试题设计的原理与原则,重点分析近几年高考数学卷微积分试题的编拟,对高中课程"导数及其应用"的教学提供一点启示。

中学数学类研究论文,包括与中学相关的高等数学的实际应用,这类论文要求作者具有较扎实的数学基础理论知识和系统深入的专门知识,有一定的从事科研的能力。

【案例 5-4-5】　公开密钥—RSA 体制

论文"公开密钥—RSA 体制"以初等数论的同余及同余方程的知识为基础,首先梳理与密码学相关的密码及数论等理论知识,对 RSA 体制进行详细剖析,然后从理论上证明 RSA 体制的可行性,对 RSA 体制系统的安全性及缺陷进行分析,给出建立 RSA 体制时的一些建议;最后,对 RSA 体制在计算机上的实现提出一些思考,并设计出相应的计算机程序。

该论文的研究,需要数论专业知识和算法等基础知识。

【案例 5-4-6】　优选法及其应用

论文"优选法及其应用",首先用通俗易懂的方式把单因素优选法这一复杂的方法和原理介绍给读者,然后着重研究多因素优选法的原理及其运用,并应用优选法解决工业生产及现实生活中的实际问题。

该论文的研究,需要试验设计等有关最优化理论的专业知识。

2. 中学数学教学研究论文

中学数学教学研究论文主要包括课程和教学研究两类。就课程研究来说,主要有课程标准和教材内容的研究。

【案例 5-4-7】 中学数学课程中有关测量内容的研究

"中学数学课程中有关测量内容的研究"一文,梳理了中学数学课程中有关"测量"的知识点,把"测量"教学分为两个阶段,即基础理论学习阶段与实习教学阶段。

在理论知识部分,介绍了直接测量的工具、方法以及间接测量的主要手段,并且根据解决测量问题所运用的数学知识对测量题型进行分类,总结出解题技巧。

在测量实习教学阶段,探悉了中学数学教材中对"测量"实习作业的要求,整理主要的实习案例,以一题多解的形式介绍实地测量方法,并且在具体的教学实施中,给教师与学生提出几点建议。

本文对中学数学课程中测量内容进行了全面深入的研究,既涉及课程标准的理念及教学内容与要求,又对中学教材有关"测量"内容进行了研究,同时对教学实施提出了几点建议,论文选题对中学数学教学具有一定的指导意义。

进入 21 世纪,基础教育课程改革如火如荼,随之而来的教材版本越来越多,对教材的某些内容进行研究,也是论文选题的重要方面。

【案例 5-4-8】 初中数学教材应用与建模内容研究

"初中数学教材应用与建模内容研究"一文,针对浙教版初中数学课本(七年级—九年级)中的应用与建模内容,即课题引入、例题、习题、阅读材料、课题学习等进行分类与整理,归纳出初中数学课本应用与建模的内容框架、呈现方式以及习题的安排情况。

通过研究,了解初中数学课本特别是应用与建模的内容框架、当前教师对课本内容的开发情况,并在此基础上,对今后的教材研究以及教学改革提供建议。

就教学研究来说,其研究范畴就更加广泛了。大体上说,有数学教学基础研究课题和数学教学应用研究课题。

数学教学基础研究课题是关于数学教育基本规律的理论性研究问题,如数学教学原则的研究、数学教学目的的研究等等,这类研究侧重探索数学教育的本质与规律,试图解决数学教育的根本性问题,强调研究的深刻性和系统性。因此不但要求指导老师具有较深厚的教育理论素养,而且要求师范生在做此类论文时,准确解读相关的教育理论,并着重结合具体教学案例来展开论文写作。

数学教学应用研究课题着重研究将已有的数学教育理论研究成果应用于数学教学实践,使数学教育理论与数学教育实践相结合,探索数学教学实践工作的规律,使数学教育理论在数学教学实践中得到检验。这类研究不仅对解决当前数学教育中存在的问题,提高数学教育质量有重要意义,而且能促进数学教育理论研究的深化和发展。

【案例 5-4-9】 初中数学新授课习题教学研究

"初中数学新授课习题教学研究"一文,探讨新授课中各环节的习题教学。引入环节的习题设计,要能激发起学习的兴趣,建立知识之间的相互联系,让学生积极主动地学习;

作为示范的例题,要注意基础性和示范性,激发学生的思维,帮助学生练理解、练熟练、练准确;作为巩固提高的习题,要适当变式,具有综合性,注重知识的灵活运用,发散学生的思维;作为作业的练习题,要求精而非多,要培养学生数学思考和解决问题的能力。

关于这个课题,师范生可结合教育实习中的教学案例,来论证数学习题教学的有关理论观点。

数学教学调查实证研究也是应用研究课题的重要的一类。

【案例 5-4-10】 数学探究课的实施现状调查与研究

"数学探究课的实施现状调查与研究"一文,通过对数学探究课的实施情况调查所得的结果的数据分析,得出有关数学探究课的实施现状的结论。调查结果表明,有超过70％的教师认为目前探究教学实施得还好,且与传统教学相比,实施数学探究课更能提高学生的学习兴趣和各方面的能力,但同时也存在着主观和客观方面的实际困难,并据此提出相应的教学建议。

在中学数学教学研究论文中,我们还可以看到将课程研究、教学研究和调查研究相结合的研究论文,这也是教学类毕业论文的常见类型。

【案例 5-4-11】 高中数学必修教材应用与建模内容研究

"高中数学必修教材应用与建模内容研究"一文,着重研究人教 A 版高中数学必修课本中数学应用与建模内容,整理归纳高中数学必修模块应用与建模的内容框架(包括序言,课题引入,探究、思考,例题、习题,阅读材料,实习作业)。通过对学生及老师的调查分析,了解当前学生对教材应用问题的掌握情况和教师对应用与建模内容的教学的重视程度。结合调查分析及新课程理念,提出应用与建模的几点教学建议:重视基本方法和基本解题思想的渗透与训练;引导学生将应用问题进行归类;针对不同内容采取不同教法等。

三、中学数学类本科毕业论文范文

【案例】 新高考"概率与统计"题目的研究

(一)论文摘要与关键词

摘要:基于丰富的知识内容和广泛的应用价值,"概率与统计"成为新高考考查内容的重点和创新实践能力培养的热点。本文将以 2020 年至 2022 年新高考全国Ⅰ卷"概率与统计"题目为研究对象,探究新课程标准背景下的"概率与统计"数学高考试题的特点。本研究从多角度总结出试题特征有:关注概念本质,强调知识体系的构建与灵活应用;突出考查运算能力,渗透随机思想;设计情境新颖、丰富且切近生活,发挥数学育人价值;开发高阶思维,发展个性品质;聚焦数学核心素养,体现概率与统计单元特色。结合梳理出的特征,提出教学建议:立足教材,回归数学本质;夯实基础,构建知识体系;发展能力,提升学生信心;锻炼思维,培养创新意识;加强应用,积累活动经验。

关键词:概率与统计;新高考;试题特征;教学建议

(二)论文目录

（正文略）

（三）论文评析

该论文以新高考全国Ⅰ卷"概率与统计"题目为研究对象,探究新课程标准背景下的

"概率与统计"数学高考试题的特征,并给出教学建议。论文选题切合中学数学课程改革,对高中数学教学有一定的参考价值。

论文写作中,作者查阅了最新的相关文献,对高考试题进行了深入研究,从中概括出"概率与统计"数学新高考试题的特征。论文论点明确,论据翔实,论证较严密。论文结构合理,逻辑性较强,表达比较准确,写作规范,学风严谨,研究扎实,工作量饱满。达到了本科毕业论文的要求。

《新高考"概率与统计"题目的研究》论文全文

第五节　中学数学教师的专业发展

通过了新教师招聘考试,你将从师范生的学生生涯步入教师的职业生涯。教师职业生涯贯穿于我们的一生,在不同的发展阶段,有着不同的职业需求和人生追求。在漫长的职业生涯中,如何形成自己的风格,如何实现个人理想和自我人生价值,将是每个人不得不面对的问题。教师要想走向职业发展的幸福之路,更好地发展自己,需要对自己的职业生涯进行展望和规划。尤其是从师范生到教师,是一个巨大的角色转变,也是自身专业发展的一个关键时期。这一切都需要进行自我规划,恰当设定职业目标,并为实现目标而努力。

【案例5-5-1】　一个师范生的教育研习(二)总结报告

时光荏苒,日月如梭,转眼大学生涯便接近尾声。处在大四阶段,大家都在为未来而努力,我既未选择考研也没准备考公,从实习结束后便决定直接考编找工作。故而大四上学期的提前批校招于我而言便至关重要,而针对提前批的各种面试形式的考核,教育研习这一课程给了我较大的帮助。

在考编备考期间,我便搜集、整合了所考地区的考试形式以及相关真题,将重点放在了试讲、结构化研习以及笔试的准备中,而在自己备考和教育研习课程的开展中,第一次课的讲座给了我极大启发。

由于心仪地区的提前批相比省内大部分地区都早了许多,在10月10日左右公告发出来时我便依据公告要求做针对性准备(因为和前两年的形式稍有变动,之前准备的笔试不考了,重点就成了试讲和结构化研习)。在关于试讲和结构化研习的讲座和训练中我收获颇丰。

在讲座伊始,几位同学先进行了试课,课题包括几何部分的等腰三角形的性质定理和代数部分的一次函数。在几何的等腰三角形的性质定理点评中,主讲人所讲的合作学习如何规范表述以及授课过程中的语言艺术给我留下了深刻的印象,在之后的试讲训练中我也经常有意识地注意这些情况(也在正式面试中用到了);还有文字语言、符号语言在板书中的选择,也让我在板书设计过程中有了新思路。

其次,代数部分的一次函数试课以及点评,给了我代数部分教学设计新的体会。对于几何部分的教学设计和策略我已经有了大致的框架,而代数部分于我而言则相对零散。在此次点评中,我进一步了解了什么样的例子更加围绕本课的核心,又更贴近学生的生活,比如常量与变量中叠杯子和物块浸没中的例子,及一次函数中加油购物的例子对于学生来说更容易接受,而非书中有些例子(远离学生日常生活,不易被学生理解和接受),所以在教学过程中所选的例子不仅要贴合本课核心,也要反映知识本质和使学生更容易接受。比较幸运的是,在提前批试讲中我的课题正好是一次函数,故而我便将老师在点评中的建议加入了我的教学设计中。

此外,在讲座中,老师带着我们对部分课程标准进行了解读,在详读过程中,我深刻体会到了课标的作用。比如,在教学方法部分早已说明了启发式、探究式、参与式等教学方式以及大单元教学都可应用到教学中,同时课标中的内容也为结构化面试提供了许多素材。除此之外,在老师的建议和解读过程中,我注意到了课标中一直被我所忽略的部分——附录,附录中的例子能给我的教学设计提供思路,也能用于专业知识类的结构化试题中,故而在之后我时常翻阅课标,在应聘之前详读过多遍,并将其中我认为重要的内容做了整理。我想在未来工作中,课标也会是我不断前行的船桨。

总之,教育之路漫漫,虽然此时的我离三尺讲台又近了一步,离正式踏上岗位实现身份的转变仅咫尺之遥,但"学高为师,身正为范",我的教育之路才刚刚开始,我需要学习的东西还有很多。走在教育的路上我要深知自己肩上的责任,我始终相信"道阻且长,行则将至",我将一直走在学习的路上。(温州大学2020级应数钱××)

一、数学教师专业发展的特征

对于数学教师而言,教师专业发展是一个以数学教师个体在数学教育领域内的自我发展为核心,以教师个体的经验反思为媒介,不断习得教育专业知识技能,实施专业自主,表现专业道德,并逐步提高自身从教素质,成为一个良好的教育专业工作者的专业成长过程。

数学教师专业发展具有以下几个方面的主要特征:

第一,数学教师发展具有主体自主性。教师是专业发展的主体,没有教师的主动参与和自主发展,就没有教师专业发展。教师职业的特殊性决定了教师专业发展带有明显的个人特征,是一个与主体性密切相关的复杂过程,有赖于教师以自身的经验和智慧为专业资源,在日常的专业实践中学习、探究,形成自己的实践智慧。教师只有具有主体自主性,专业发展才能得以实现。因此,自主发展是教师专业发展的本质所在。教师专业发展的这种主体自主性,使教师通过不断的学习、实践、反思、探索,教育教学能力不断得到提高,并自觉承担专业发展的主要责任,不断向更高层次的方向发展。

第二,数学教师专业发展具有阶段性,作为一个过程,数学教师专业发展包括多个不同的阶段,并且不同的阶段有着不同的发展速度和侧重点。一般来说,数学教师专业发展可分为四个阶段:一是数学教师从事数学教学工作前,接受教育和学习的职业准备期。二是数学教师走上工作岗位,由没有实践体验到初步适应教育、教学工作,具备最基本、最起码的教育教学能力和其他素质的职业适应期。三是数学教师继续在实践中锻炼自己的教育教学能力和素质并达到熟练程度的职业发展期。四是数学教师开始进入探索和创新并形成自己独到见解和教学风格的职业创造期。经过这四个阶段的发展,可以在较大程度上实现数学教师专业发展的基本目标——成为专业的数学教育人员或专家型教师。

第三,数学教师专业发展具有终身性。在教师专业发展中,教师被视为一个持续发展的、需要通过不断学习与探究而逐渐达至成熟的专业人员,这体现了教师专业发展的终身性特征。它不仅表现在时间的延续上,更表现在专业内涵的不断拓展上。一名教师接受职前完整的师范教育,并取得教师资格证书,这仅仅意味着教师发展的开端。数学教师仍然需要持续学习、持续发展。通过一生持续的学习、思考、实践,在整个职业生涯中不断获得自身的发展与完善,最终成为一个成熟的专业人员。

【案例 5-5-2】　我的大学学习与我的成长

回眸大学四年,自己的成长除了自身的努力之外,最离不开的便是昔日老师们的谆谆教导。他们形象生动的课堂讲授,精辟简洁的推导论证,严谨求真的治学态度,一直感染着我,引导我从一名对教学懵懵懂懂的在校师范生逐步成长为能胜任日常教学工作的人民教师。在这个过程中,学院设置的有关数学教育的系列精品课程对我个人素养的提升帮助最大,其中包括中学数学教学法、微格教学、中学数学教学动态研究、初等数学建模、中高考数学思想方法选讲、初等数学研究、竞赛数学等。通过这些课程的学习,我们锻炼了自身的师范技能,并初步具备了一名数学教师应有的数学功底。

这些课程中与师范技能直接挂钩的当属中学数学教学法和微格教学这两门课程。担任中学数学教学法课程的方老师,总是能给我们出一些让我们感觉十分有收获的题。而对于这些题,我们总是会"义无反顾""斩钉截铁"地把它给做错掉。当然,经过方老师引人入胜的点拨,这些易错题总是能引发我们对数学教学的深层次的探讨,带给我们无限的回味,有一种"山重水复疑无路,柳暗花明又一村"的感觉。这些易错题在时刻提醒着我——当老师一定要严谨。还有每次上微格教学课后,同学们总是喜欢围坐在北校区信息楼前的草地上交流探讨微格教学时各自的教学设计,有时同学们对于教学过程的一个小小的细节、一个小小的动作、一句话都会争得面红耳赤。回到寝室,我们又会对微格教学的录像细细地品味一番,这对于修正我们的教态、规范教学用语、加强对板书的设计方面都很有裨益。当然,方老师对于典型对象的视频录像的精彩点评也令我们获益良多。现在想来,这种"吹毛求疵",这种对细节的完美追求,对于我们这些师范生将来站稳讲台是很有必要的。

其他课程的任课老师对我们的师范技能的培养也尤为重视,因此在授课方式上也十分强调这一点。记得在上初等数学建模和中高考数学思想方法研究这两门课时,黄老师在课前布置给我们一些有意思的问题,要求我们课下对这些问题进行一番研究,并在上课时来当一回老师,通过自己的讲解、板演,向同学们展现自己的研究成果。当然在授课同学讲解之后,黄老师也不忘画龙点睛,把我们引向对问题的更深层次的思考,从而达到整节课的高潮。这样的上课方式充分锻炼了我们的师范技能,调动了我们的学习积极性,激发了我们的教学热情,展示了我们的个人魅力,培养了我们的科学探究精神,颇受同学们的欢迎。因为一名优秀的数学教师除了是一位教育者之外,也需要有对数学研究的热情。

这些任课老师除了传授我们知识外,也在课上以自己的亲身经历教会我们一些做人的道理、一些做老师的行为准则。这些道理一直铭记在我的脑海里,在我工作之后我所见到的人和事也验证了这些道理。

最后,衷心感谢母校和老师们对我的辛勤培育!（古××,现为温州市第二十二中数学教师）

二、数学教师专业发展的途径

数学教师专业化的内涵主要有两方面:数学专业素质和教育科学素质。张广祥教授指出:"作为数学教师,应该真正地研究一点数学问题,脱离数学而做单纯的教学法研究只能原地转圈。"也就是说,应该从数学出发去研究数学教育。数学教师的教育科学素质则主要体现在如何将知识的科学形态有效地转化为知识的教育形态,做好教学法的加工。因此,数学教师专业发展的关键在于数学修养以及构建数学知识教育形态的能力的全面提高。

(一)用哲学原理指导数学学习与教学

哲学是研究一切科学方法的科学。哲学对各门学科都有重要的指导意义,尤其对数学更为重要。如正向思维与逆向思维、函数与反函数、运算与逆运算、证实与证伪等都是对立统一思想在数学中的体现;又如一一对应、函数、参数等都是普遍联系原则在数学中的体现;数学研究中的推广则是一般性蕴含于特殊性之中的思想的体现;事物表现多样性在数学中则体现为一题多解、一题多变、发散性思维;等等。用对立统一、普遍联系、特殊与一般等哲学观点来看数学思想方法会使我们对其有更深刻的理解。

【案例5-5-3】 函数与图象的关系

函数是事物普遍联系原则的数学反映,是对应的代数表示;而一个函数图象表示不仅包含了这个函数众多的信息,而且它是一种存储形式,从中观察者可以容易地提取(如单调性、有界性、周期性、凹凸性、连续性、可导性等)。因此,在学习函数的过程中,函数的解析表示与图象表示在任何情况下都应该是作为整体来学、记、用的。在问题解决过程中,作出函数的图象以集中信息,供直观参考,在图形中找出可供计算的量之间的关系,那么形与数的统一即数形结合法的产生是自然而然的事情。

(二)重视数学与生活实际的联系

书本知识或来自生活、或来自生产、或来自研究,它们都是有坚实背景的。向生活学习,可使我们根据生活经验更容易地理解数学是如何产生的,又是如何被用起来的。

在日常生活中为了表示复杂问题而经常使用"近似与误差"。"近似"是一个非常重要的概念,在生活、生产、自然科学研究等一切活动中无处不在。与近似紧紧相随的是"误差",在日常生活中更是屡见不鲜,如袋装食品中的重量标记"250克±3克"等。在数学运算中,误差是教学"极限"必不可少的概念之一。

求简与抽象是人们在生活中经常采用的思维方式,也是数学众多特征中的两个重要特征。下面的例子可看到这一点。

【案例5-5-4】 "落水问题"的抽象分析

在一次乘船游览中,母亲、妻子和儿子同时落水,应该先救谁? 有人说先救母亲,因为妻子没了可以再娶,儿子没了可以再生,唯有母亲今生今世只有一个;有人说应该先救妻子,因为有了妻子便会有儿子,至于母亲已近人生之途的尽头,死也无憾;还有人说应该先救儿子,因为儿子年龄最小,尚未体验人生的乐趣,而母亲、妻子则不然。三种答案似乎各有其理。如果是你,会怎么处理呢?

分析:以上三种答案各有其理。但再想一想,三种答案都有一个不足之处,那就是每个答案都一定程度地受到"情感因素"的影响。于是就没有了客观标准,从而造成公说公有理、婆说婆有理的局面。

按照数学的求简和抽象思维来看待该问题,可这样进行:

首先,将问题抽象化,即将母亲、妻子和儿子抽象地看成三个人,提炼问题的结果:救人。寻求的答案:先救谁?

其次,由简化思想来求答案,至此应该想到:救谁最方便就先救谁。

最后,选择适当的语言表述问题的答案。因为"方便"一词还需要一定的标准来判别,从而出现某种"不确定性",这样的答案的缺点是可操作性不强。由此引入用"距离"来表示"方便"。

获奖答案是:救离自己最近的人。

这里,抽象在于提炼出问题的本质性特征;求简在于在解决问题的前提下给出简便易行的方案。

(三)开展研究性学习与研究性教学

教育的目的在于培养学生的能力,提高学生的素质。能力是多方面的,而每门课程都有它自己培养能力的基础、方式方法和培养方向等。谈到创新能力的培养,没有一门课程能像数学这样轻松地达到这一目标。自然科学大都以现实中的物体、物质为实验观察对象,而数学不同,学习数学、研究数学不仅可以把生产、生活中的实际事物,而且可以把数、式子、符号、图形等作为实验和观察的对象。从纯数学角度讲,培养学生的创新能力可以在大脑中进行。例如,只要让学生会将常系数改为字母这一招,就可创造出许多新知识来。如将圆的方程 $x^2+y^2=R^2$ 改为 $Ax^2+By^2=C$,就可得到椭圆、双曲线和部分直线。又如 $1+2=3$,将"1"改成"x","3"改成"y",即得到"$y=x+2$",而这已经是一个数字发生器,输入一个 x 的"值",在另一端即可输出 y 的"值"。

在数学教学中,以往非常强调培养学生的运算能力、空间想象能力、抽象概括能力、逻辑推理能力等,而在素质教育下更强调培养学生的实践能力和创新精神。比如说运算能力,其要求已有所变化,因为有了计算机强大的计算功能,只要人告诉它怎么算,它就能完成。换句话说,我们只要设计出算法和程序,然后告诉它怎么做,剩下的工作就可由计算机去完成。对于计算能力,人学聪明的算法算理,计算机做繁重的计算。因此,教师必须理解算法思想,以算法思想作为贯穿课程始终的基本理念。

全面实施素质教育,应把研究性学习和教学密切结合起来,教会学生如何学习。那么如何进行研究性的教与学呢?

首先,教师应该将书本知识变为一个个的研究课题展示给学生,实行课题教学,以培养学生的研究性学习能力。通过研究,将一个个知识点连接成线进而扩充到面,从教一个知识点开始,到揭示一个知识面为止。

其次,教师要知道一些研究的基本方法与基本工具。

在工厂中,要生产一台机器,总是先生产各个零部件,然后使用各种技术和工具将零部件组装成机器。教学过程与生产过程是一致的。如文学,先教"字",再组合成"句",最后组合成"文"。数学也是将整个知识体系分解成各个知识点进行教学。数学教师要知道各个知识点在整个体系中的地位和作用,要知道将这些知识点组装成整个体系的技术和工具,就必须进行研究。就数学而言,教师要有挖掘创新素材的意识与能力,数学思维就是"组装技术",而数学运算是一种"组装工具"。

【案例 5-5-5】 柯西不等式的发现

考察 $a^2 \geq 0$,以 $ax+b$ 代替 $a^2 \geq 0$ 中的 a,得 $(ax+b)^2 \geq 0$ 对任何 x 成立。(代入法)

取不同的 a,b 的值,得到一系列这样的不等式:(代入数据)

$$(a_1 x + b_1)^2 \geq 0, (a_2 x + b_2)^2 \geq 0, \cdots, (a_n x + b_n)^2 \geq 0$$

将各式相加得 $(a_1 x + b_1)^2 + (a_2 x + b_2)^2 + \cdots + (a_n x + b_n)^2 \geq 0$ (加法)

展开,合并同类项得

$$(a_1^2 + a_2^2 + \cdots + a_n^2)x^2 + 2(a_1 b_1 + a_2 b_2 + \cdots + a_n b_n)x + (b_1^2 + b_2^2 + \cdots + b_n^2) \geq 0 \quad (\text{化简})$$

对所有的 x 都成立。利用二次函数性质可知,

$$(a_1 b_1 + a_2 b_2 + \cdots + a_n b_n)^2 - (a_1^2 + a_2^2 + \cdots + a_n^2)(b_1^2 + b_2^2 + \cdots + b_n^2) \leq 0 \quad (\text{新成果})$$

得到柯西不等式

$$(a_1 b_1 + a_2 b_2 + \cdots + a_n b_n)^2 \leq (a_1^2 + a_2^2 + \cdots + a_n^2)(b_1^2 + b_2^2 + \cdots + b_n^2)$$

再次,教师在学习中,还应注意研究前人的教学心得,更好地指导自己的教学实践。从教学理论而言,我国是一个具有几千年文明史的国家,自古就有一套行之有效的教学理论体系,对其进行研究,可以做到古为今用;对世界各国尤其是发达国家的教育思想和理论进行研究,可做到洋为中用。《读书之要》曰:"凡观书,必先熟读于胸,使其言皆出于吾之口;继而精思,使其意皆出于吾之心,然后可有得耳。"它导出了学、思、得三者的关系。

总之,数学教师的专业化发展,要加强数学研究,强化数学功底,善于学习与吸收先进的教育理念,达到数学与教育密切融合,努力使自己成为研究型的高素质的数学教师。

三、数学教师专业发展的阶段与策略

教师在专业发展的道路上,既面临着广阔的发展空间,也承担着众多的职责与压力。在漫长的教师职业生涯中,将经历"新手—熟手—高手"不同阶段的教师专业发展之路。新手阶段的教师,三年初见端倪,这是教师生涯的第一次成长,其特点是"善模仿"。在这一阶段,新教师通过听课开课、拜师跟学、苦练内功、教学后记等各类学习与实践,以及岗前培训、在职培训、校本培训等各种培训,不断拓展自身的知识素养,提高教学能力,拓展自己的发展空间,从而实现师范生到教师角色的巨大转变。成为熟手阶段的教师,通常需要十年磨一剑,这是教师生涯的第二次成长,本阶段的主要特点是"会反思"。在这一阶段,教师通过读书、课例研讨、同伴合作、专家指导等方式,同时克服职业倦怠、激发工作激情,使自己逐步成熟,成为一个具有相当水平和能力的教书巧匠。高手阶段的教师,需要再经过十年甚至更长时间的修炼,这是教师的第三次成长,其主要特征是"好研讨"。在这一阶段,教师要善于收集整理资料,投身教学科研,撰写论文,参加学术沙龙,同时走出教学的"高原期",以虚怀若谷的心态对待工作与人生。

尽管教师的专业发展是那样的丰富多彩、婀娜多姿,但"善教、会研、能写"应是教师专业发展的基本策略。

善教是教师专业发展之本。上好课、教好书是教师的立身之根和发展之本,而提高课堂教学效果、追求课堂教学艺术无疑是教师专业发展的重中之重。数学教师的"善教",体现在"教准、练实、学活"这三维"目标"的达成,其中"教准"就是切实让学生理解数学本质和掌握核心方法,"练实"即是强化对学生解题的操作性和规范性训练,"学活"就是努力使学生达到举一反三、融会贯通的学习境界。要"善教",就得"善学",向书本学习,让"回头看"和"朝前走"的教育行动更自觉;向同行学习,让"他山之石,可以攻玉"的工作体验更深刻;向学生学习,让学生对自己的"教学反作用力"更强烈。

会研是专业发展之源。如果说"善教"好比"渠清如许","会研"就是"源头活水"。教研,教研,"教"需要"研","研"为了"教","教"促进"研"。教师要提高日常教学活动的含"研"量,使之更科学、更高效。同时,积极开展力所能及的课题研究,抓住课题研究的时效性和实用性,进一步提升教学实践的层次和品位。

能写是教师专业发展之翼。写作是思想的磨刀石,是思考力的外显性标示。写作促进更深的思考,推动我们的"研",提升我们的"教"。写作促进教学观点表达得更科学、更经得起推敲,它犹如隐形的翅膀让我们飞向纵深的专业发展之旅。

总之,"善教",可成为骨干教师;"善教"又"会研",能成长为学术型教师;"善教","会研",又"能写",会锤炼成学者型教师。让我们再立本、再开源、再展翼,使自己的专业发展来得更快、更高、更强。

参考文献

[1]曹新.数学教学技能学习教程[M].北京:科学出版社,2018.

[2]曹一鸣,严虹.中学数学课程标准与教材研究[M].北京:高等教育出版社,2017.

[3]柴俊.中学数学教育实习[M].北京:高等教育出版社,2000.

[4]陈时见.中学教育见习与实习[M].北京:北京师范大学出版社,2015.

[5]黄明峰.教育实习新指导[M].南宁:广西人民出版社,2007.

[6]黄忠裕.初等数学模型[M].北京:科学出版社,2013.

[7]黄忠裕.数学教育实践教程[M].北京:科学出版社,2013.

[8]罗新兵,刘阳.学科教育实习指南 数学[M].西安:陕西师范大学出版社,2012.

[9]彭小明,等.小学教育实践教程[M].北京:高等教育出版社,2019.

[10]彭小明,郑东辉.课堂教学技能训练[M].北京:高等教育出版社,2012.

[11]沈红辉.中学数学教育实习教程[M].广州:广东高等教育出版社,2002.

[12]孙晓天,沈杰.义务教育课程标准(2022年版)课例式解读 初中数学[M].北京:教育科学出版社,2022.

[13]王晓辉.中学数学教育实习行动策略[M].长春:东北师范大学出版社,2007.

[14]叶立军,等.中学数学教学技能案例精选[M].北京:科学出版社,2019.

[15]叶雪梅.数学微格教学[M].2版.厦门:厦门大学出版社,2010.

[16]张奠宙,宋乃庆.数学教育概论[M].北京:高等教育出版社,2004.

[17]章建跃.高中数学教科书教学设计与指导[M].上海:华东师范大学出版社,2022.

[18]中华人民共和国教育部.普通高中数学课程标准(2017年版 2020年修订)[M].北京:人民教育出版社,2020.

[19]中华人民共和国教育部.义务教育数学课程标准(2022年版)[M].北京:北京师范大学出版社,2022.

[20]周跃良,杨光伟.教育实习手册[M].北京:高等教育出版社,2010.